藍學堂

學習・奇趣・輕鬆讀

全圖解

BCG
頂尖顧問的
高效決策力

12種直入問題核心、擊破難題，
做好決策的關鍵策略

賽門・穆勒 Simon Mueller
茱莉亞・達爾 Julia Dhar

著

黃庭敏 ── 譯

The Decision Maker's Playbook

12 Mental Tactics for Thinking More Clearly, Navigating Uncertainty, and Making Smarter Choices

目錄

有效篩選

這是多變、不確定、複雜又模糊的世界

生活是一連串的決定。我們每天必須面對數百次抉擇,有的很小(午餐吃什麼),有的很重要(住在哪裡、或在哪工作)。我們可能因害怕做錯選擇,變得膽怯、無所作為;或做出某些抉擇可能需要龐大的資訊量。我們身處的世界益趨複雜,因此需要更周詳的計畫,也就是更能呈現人生疆域的地圖,勾勒出實用、穩健又好用的心智模型,促使我們做出明智的決定。這類地圖就叫做「心理策略」。[1]

本書擇要列出了部分經證實有效的方法,能夠助你解決問題,做出決策,並據以執行。若你想在專業生涯與私人生活中達成更大的成功與效率,這本書正是為你而寫。心理策略是認知的捷徑,能幫助我們辨認出既定模式和人際關係,避免常見的認知錯誤,從不同的角度觀看世界,拆解複雜的問題,同時採取行動。

本書介紹的心理策略擷取自許多研究領域和實際做法,諸如統計、政治、經濟學、系統理論、投資、作業研究、賽局理論、醫學、心理學、軍事情報、哲學等。你會發現大部分的心理策略皆可運用在本門學科以外的情境,一旦你徹底吸收這些策略,就可以套用在各種情況,舉凡自我管理、團隊效能、組織領導等。這類策略不光能夠解決專業上的難題,也適用於個人的困境。

本書將幫助你從資料中獲得獨到的觀點,克服認知錯誤,做出更理智

的決定，並找出最快又有效率的步驟，據以執行。我們會從分析的角度來檢視書中提到的問題和決策，採取簡單的系統化方法，同時每一章都附上檢核表，讓你一目瞭然。

　　我們只想給你實用、立刻就能上手的工具。我們寫這本書是為了跟大家分享這些值得推廣的想法和工具。我們採用了書中的心理策略，覺得大有斬獲，不僅改善了決策品質，也提升了做決定的速度及效率。我們先是彼此分享這些技巧，之後也分享給各自的團隊成員和生活圈裡的人，於是才有了這本書。我們知道本書的心理策略對你而言同樣受用，和我們一起展開探險吧！

　　下圖是電影史上最經典的畫面之一，卓別林飾演的小流浪漢在生產線上裝配產品。久而久之，小流浪漢變得越來越像機器，一心只想完成一件事：反覆不停地把輸送帶送來的小器具用螺絲釘旋緊。

　　監工為了提高效率，轉動槓桿加快生產線的速度。小流浪漢趕緊跟上這個速度，分秒不停地趕工。然而工作如潮水一般快速湧來，他變得手忙腳亂。

你們有力量，有力量創造機器，有力量創造幸福！你們有力量讓這個生活變得自由而美麗，讓生活成為一場美妙的冒險！——卓別林，電影《摩登時代》[2]

今日越來越多的單調勞動，是由演算法或機器人完成。儘管卓別林電影中呈現的工業環境，著眼於控制工人的每一個動作（其中一幕，小流浪漢被一種吃飯機器餵食，如此一來，他們就不必停下手邊的工作），現今職場的情況大多完全相反，多數人不必做單一重複的工作，卻必須面對新的挫折：大量的資訊、選項和刺激，生活和工作令人難以招架。

日益複雜的工作與高速運作的商業模式，已滲入我們生活中每一個層面。擾亂或破壞的事件更常發生，而社會變革與數位轉型帶來許多前所未有的新機會，促使我們通力合作或採取行動。我們身處於美國陸軍軍事學院所說的 VUCA 世界，亦即多變（Volatile）、不確定（Uncertain）、複雜（Complex）、模糊（Ambiguous）。[3]

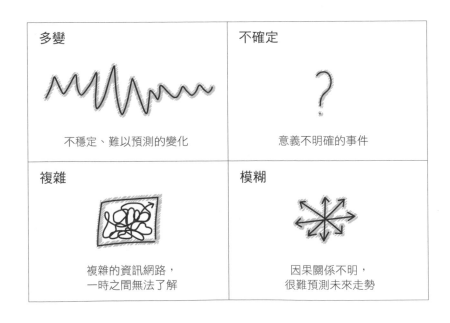

嶄新的世界需要新工具，幫助我們做出正確的選擇。我們需要策略來解決下列問題：

⊙ 哪種職涯經得起科技自動化和汰舊的考驗，哪些是我應該追求的？
⊙ 我該如何做出明智的財務決定，包括買房子、教育投資等？
⊙ 我的公司要如何在擾動不安的環境中成長茁壯？
⊙ 我該如何以最有效率的方式分配團隊的時間和資源？

　　在這個複雜詭譎的時代，我們自然會高估風險，低估報酬。結果我們大幅縮短了投資期限，轉而注意眼下可以獲得的事物，畢竟長期局勢充滿了不確定，即使潛在報酬有可能還要高得多。人性既是如此，我們該如何做出有理有據的決定？如何排定優先次序？小流浪漢需要一支扳手當工具，做好分內工作；而今，我們需要一整套工具箱才能駕馭我們的工作。

　　這可以從生物學的角度解釋。我們與生俱來的決策能力，許多時候無法適應今日所處的環境。數百萬年經由演化而成的大腦運作模式，幫助我們察知某些資訊、分出輕重緩急、釐清事情之間的關係，然後再讓我們做出決定。教育和經驗，教導我們在某些情況下加強這些內建的步驟，其他時候則必須克服上述步驟。然而，我們根據常理判斷（加上社會心理學和決策科學日益增多的研究成果），卻一再顯示我們依然常常出錯。這是為什麼？儘管大腦在演化上具有優勢，加之過往的經驗，足以幫助我們做出好決定。

　　答案很簡單，這是因為我們受的教育（人的軟體）已然跟不上今日專業環境和個人環境的變化，更別提我們的大腦（人的硬體）了。

對領導者的要求變得更多

由於外在環境改變，成為專業經理人和（企業）領導者的條件也隨之提高。人力的全球化使得求職競爭更形激烈，如今從名聲響亮的大學取得第一流學位，已無法保證一個人的社會地位。毋寧說，靈活應變、配合不同需求的能力更為重要，也就是在步調快速的時代保持冷靜，果敢而理智地做出決定。

鍛鍊思考和決策能力，並保持這項優勢，絕非易事。要辦到這一點，需要全心投入、努力，以及練習。固定的模型和繪製好的藍圖要不了多久就會失效，因為環境變化太迅速。任何心智模型也需要適應新情況，具備相當的彈性，依個人狀況調整。

在即時新聞報導和資訊盛行的年代，領導者不能只是做出正確決定，還必須做得快。為自身的心理框架和方法，鍛鍊肌肉記憶，大幅縮短分析、決斷、依照資訊行動的時間，對他們是有好處的。

如何閱讀本書

本書並不是理論型的商管書。我們會避免冗長的陳述或故事，盡量運用視覺和直覺，帶領你了解這些我們覺得重要、容易操作的策略。為求易讀，每一章（第零章、第十三章除外）都沿用相似的架構：

⊙ **優點**：簡單介紹每一種心理策略的具體優勢。
⊙ **檢核表**：列出含有具體步驟的指示。
⊙ **例子說明**：了解心理策略如何運用在不同的情況。
⊙ **關鍵要點**：總結全章，提煉出主要的獨到觀點。

本書每一章各自獨立，你可隨意翻閱，只要選讀你覺得最引人入勝的章節就好。不過，讀者得先了解，本書的結構是按照某種邏輯建構而成，和我們面對世界、解決問題的方式頗為相似：觀察、分析、擬出解決方案，據以執行。

- ◉ **Part 1**：教大家蒐集證據，把注意力放在最重要的事實和評論上。你將學會聚焦於先前忽略的基本數據和資料。
- ◉ **Part 2**：介紹心理策略，有助於串起線索，拼湊出事物的全貌，建立起不同事件之間的因果關係。你必須區別訊號和噪音，了解因果關係的本質不光是相關而已。
- ◉ **Part 3**：著眼於擬定解決方案所需的工具，亦即設計出一種方法來克服某項挑戰。這個步驟與心理策略（有助於思考更多可能的選項）有關，還包括數種實用的決策框架。
- ◉ **Part 4**：討論有助於執行解決方案的心理策略，提供技巧協助你達成。

▌數則重要的警告

有人問「心理策略」是什麼？讀者不妨將這些策略視為「**思考和行動的工具**」，可廣泛運用在工作和個人生活上，但工具既非一體適用，也不是隨插即用。記住以下幾點，你一定會從本書中得到收穫。

心理策略不是替代物，只是用來補充。它是加強你與現實的互動、理解這個世界的方式，以及你做決定的風格。心理策略提供了新觀點與新的工具組，幫助你解決問題，但無法完全改變你解決問題的方法。

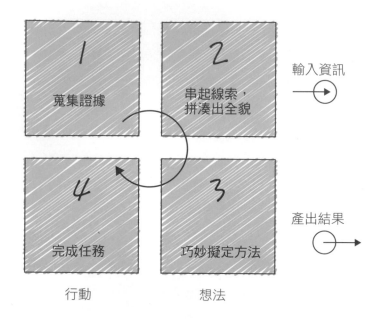

		輸入資訊 →
1 蒐集證據	2 串起線索，拼湊出全貌	
4 完成任務	3 巧妙擬定方法	產出結果 →
行動	想法	

　　本書並未逐一列舉各種心理策略，我們必須做出選擇，剔除其中一些。取捨很困難，還有許多有用的方法無法逐一納入。本書要教你新穎有效的做事方法，而非給你解決問題的「參考範本」。我們在決定哪些應該納入時，主要是考量以下兩點：

⊙ **證實有用：** 你可以稱我們是「解決問題的專家」，因為我們協助企業和政府單位，為棘手的問題謀求解決方案。本書列出的心理策略確實幫助我們解決日常工作上的問題，這些做法極少源自於企業環境，亦非我們本行獨有。相反的，這些策略是取自我們先前提過的各種不同領域。還有其他聰明有趣、很適合學術研究的策略，很可惜我們沒有放入本書（但我們真的

很想納入！）。這是一本由實踐者寫給實踐者的書。我們**希望你運用這些策略，不光是思考而已。**

⊙ **通常被低估：**我們想在本書中探討少有人知、但高明的思想家和決策者會採用的心理策略（例如邊際思考）。此外，我們也想闡明一般人憑直覺知道、卻不太懂得巧妙運用的策略（如深入了解誘因機制，並加以運用）。你或許覺得某些想法很熟悉，但本書會以不同的角度呈現。

我們的目標是給你正確的工具，幫助你做出穩健的決定，採取正確有效的行動，給你領導眾人的堅強信心。

轉型之前，我們如何看待問題

游舒帆 Gipi

（商業思維學院院長）

當世界進入高度全球化、資訊化，商業局勢的變化速度加劇，很多過去仰賴經驗做決策的經營者在這一波浪潮中都感受到決策失準的比例越來越高。面對外部挑戰的應變能力不足，在市場高度競爭之下優勢早已不復存在，因此紛紛思考轉型的可能性。

但若我們深入思考這個問題，或許會發現，轉型其實是個偽命題，真正的問題在於我們看待問題的方式。我們不會為了轉型而轉型，轉型只是手段，企業的目的是為了解決問題。當我們錯把手段當目的，就很容易花費大量的心力去解決一個錯誤的問題。

舉例來說，在企業內，我們時常可以看到「提升營收」或「改善營收」這樣的目標，當企業設定這樣的目標時，通常也意味著他們將目前公司的關鍵問題設定在「營收」上。但若經營層懂得進一步自問「提升營收後會解決什麼問題？」以及「除了提升營收外，沒有其他解法了嗎？」或許就會發現公司實際的問題其實是產品缺乏競爭力，或者利潤持續衰退的問題，而營收下滑，只是問題的現象。

如果你認為問題在營收上，你就會努力增加訂單，而當你將問題放在產品上，你就會試著去改進產品，設定的問題不同，採取的行動也會不同。

過去經驗裡，我發現那些總是能做出好決策的決策者，他們面對問題的第一個動作往往是先試著描述與釐清問題，而要能清楚掌握現況，便需要蒐集足夠多的資訊與證據，來確保我們對現況的認知是正確的。和本書裡提到的蒐集證據，拼湊全貌的概念基本上是一致的。

　　在拼湊出全貌後，我們對現況的掌握，對問題的定義會相對具體而客觀，但我們仍然很容易落入過往經驗的侷限，或者思維的陷阱當中。

　　直觀的認為營收下滑時，就想辦法提升營收，服務滿意度下滑就想辦法改善服務滿意度，在腦袋裡就直接將其他可能性排除掉，所以最終採取的行動還是無法解決根本性的問題。在前頭，我提到企業需要的不是轉型，而是需要改變看待問題的方式。

　　如果能在蒐集完證據後，試著對自己提問，試著挑戰自己過去的觀點，試著去思考其他可能性，獲得的答案可能就完全不同了。

　　我特別喜歡本書使用「檢核表」的方式來檢視自己是否有出現明顯的思維誤區，這種自我檢核是我很常用來做自我提問與驗證的方法，可以防止出現低級且重複的問題。

　　我相信，若能運用這本書提到的方法，改變自身看待問題的方式，問題自然迎刃而解。

放棄做決策，
就是放棄把明天過得更好的權利

（方寸管顧首席顧問、《人生路引》作者）

　　很多人以為位居要津者才需要做決策，其實，社會上每一個人，無論在工作或生活上，隨時都在做決策。

　　小決策做對，明天就會過得比今天好。很多重要決策都做對了，那未來就會比現在好。反之，亦成立。

　　一位女士，雙十年華時和一位醫生結婚，胼手胝足開立診所，生養三個小孩，年紀相仿。註冊私立小學，望子龍鳳。要撐起這樣的家庭，她一天要做出的決策，多如螻蟻，足以耗盡她的精神，讓她隨時煩躁抓狂。

　　早上她可能要煩惱得準備什麼早餐，載孩子半小時路程上萬一遇到馬路整修要改走哪條路？要不要安排補習？晚上幾點垃圾車會來？諸如此類，不一而足。

　　其實她做的早餐，一點都不好吃，她覺得自己做的很辛苦，端上桌的卻是沒炸熟的立大雞塊，咬開還有一點細碎冰塊。有時她累到懶得做早餐，叫小孩連喝數天嘉南羊乳，小孩喝到快吐，後來舉手投降，放棄訂購。不是嘉南羊乳不好，是沒辦法每天把羊奶當全餐喝到飽。

　　上學這條路，對私立小學生來說很尷尬，通常只有三個選擇，一是校車，二是計程車，三是家長接送。如果校車路線沒經過，覺得計程車太貴或

不安全，通常只剩下家長接送這個選擇。

在車上的相處時光，家長精神上、體力上如果沒有足夠的餘裕營造一個陪伴小孩說話的環境，那這趟只能稱之為「接送」，絕對稱不上「家長接送」。

送完小孩上學，醫生娘又要煩惱今年診所的流感疫苗怎麼叫貨，去年一堆登記說要來打針的民眾，有的爽約不來，電話也找不到人，最後報廢一堆疫苗，錢沒賺到，只累積了疲勞。

上述之例，主角其實沒弄清楚每一個痛點真正的問題是什麼。遇事往往都用直覺反射處理，沒有釐清根本問題。

舉例來說，其中的接送問題再往上溯源，根本不是接送問題，而是小孩能（輕鬆的）準時到校的問題，釐清問題後，答案昭然若揭。選讀離家近而辦學卓著的公立學校，或者搬家，搬到私立學校附近，然後走路上學。

搬家？你以為這是天方夜譚嗎？不，真有其例。

嘉義縣番路鄉的廖銘寄和鍾淑家果農夫婦，幾十年前，「為了讓孩子免於遭受通車之苦，多點時間專心唸書」，從鄉下搬家到嘉義市區，父母自己通車種田。這對父母決策品質如此之高，一對子女幾十年後果然都成了頂尖的皮膚科、病理科醫師。

同理，上述垃圾車幾點來的問題，溯源之後，應該是怎麼處理掉垃圾的問題，這時的解法，就應該是搬到有垃圾子母車的社區型別墅或者是大樓，而不是誰要去等或幾點去等垃圾車的問題。

上述媽媽得準備什麼早餐的問題，辨析之後，應該是小朋友如何果腹的問題，這時的解法，有可能是提早十五分鐘帶小孩到學校，吃福利社的餐點，或是訓練小朋友前一天晚上在冰箱選好包子或饅頭，隔天學著自己蒸，

又或者，全家提早半小時，到學校對面的簡餐店，共享早餐。

《BCG 頂尖顧問的高效決策力》建議要跟《思考的藝術》、《行為的藝術》一起看。

《思考的藝術》點出 52 個思考錯誤，《行為的藝術》羅列 52 個行為偏誤，而《BCG 頂尖顧問的高效決策力》文筆暢達地說明讓人思路清晰、戰勝風險，明智抉擇的 12 種策略，以面對真正的問題。

台灣只有三成糖尿病患接受正規治療，七成患者腦袋裡都有各式各樣的偏誤，譬如他們當中有人認為「我朋友得糖尿病後吃苦瓜，血糖有比較穩定」，就錯以為吃苦瓜得以血糖控制良好。如此，預後當然令人搖頭。

最後，我再語重心長地分享書中提到的「鄧寧 - 克魯格效應」，意思是欠缺技能的人，往往高估自己技能。如果是高中生跟女友吹噓自己數學很厲害，收到大考成績單後，牛皮吹破便罷，但上述效應若普遍發生在老人家的駕駛能力上呢？

日本警察白皮書十五年前就統計，95％的人都認為老人家開車很危險，但老人家自己怎麼想？85％的老人家表示：「不考慮交回駕駛執照。」

我如何說服家母放棄開車呢？我告訴她若自己車禍便罷，若害一個二十歲年輕人受傷，影響人家一輩子，那於心何忍，家母此時意志已動搖，我加碼，幫她下載 App，後面綁定我的信用卡，計程車坐到飽，她就此順勢甘願放棄駕駛。

你以為我很孝順？其實我只是做了一個笑而不順的決策。我提供一份每個月我負擔得起的交通費，換得不用接到家母在馬路上闖禍的電話（更不用因此跑法院、醫院），其實，不只划算，我賺很大！

消除偏見、打破盲點，做出更好的選擇

劉奕酉
（職人簡報與商業思維專家）

每天睜開眼的那一刻，我們就在做決策了。

是要閉上眼繼續睡，直到鬧鐘響起？還是現在就起床？我們的生活與工作，就是一連串的決定組成的，有些可以很快做出選擇、有些則需要足夠資訊量才能做出抉擇。如果有一張地圖，告訴我們身處何處、該前往何地，同時標示出清晰的路徑與過程中該做哪些事，我們就可以更快、更好地做出明智的決定，那該有多好。

巴菲特的長期合夥人，同時也是《窮查理的普通常識》一書作者的查理‧蒙格認為，依照人類心理的天性，會扭曲現實情況來符合自己的思維模型，導致做出非理性的決策。唯有學習與增加來自不同學科、領域的思維模型，才能得以修正認知上的偏誤，做出理性的決策。

這本書中提到的心理策略，就是一種思維模型，也是幫助我們做出明智決定的那張地圖。

本書的兩位作者，皆來自知名的波士頓諮詢公司（BCG，Boston Consulting Group），擅長為客戶提供策略規劃與決策諮詢的服務。在這本書中，我們可以學習到兩件事：

◎ 第一件事，是理性決策的流程。包括蒐集資料、拼湊全貌、擬定方法與完

成任務四個環節，在書中你可以充分理解這些環節的操作、在決策過程中扮演的角色重要性，以及過程中可能發生的盲點與偏誤。

⊙ 第二件事，是提升決策品質的心理策略。書中擷取自許多研究領域的實際做法，像是統計、政治、經濟、賽局理論、心理學等學科，整合出 12 項心理策略，對應決策流程中的四個環節，提供思考與行動的思維模型。

在決策的過程中，總是會出現各種的認知偏誤干擾著我們做出理性的判斷。我們可能認為基於觀察到的事實來下結論，就是理性。但只有片面觀察、有意或無意漏掉某些線索，所產生的誤解可能更嚴重；但我們不一定會發現，甚至是刻意為之。像是蒐集「成功案例」來歸納有效做法，看似合理卻可能犯了「倖存者偏誤」的決策盲點。

此外，人類習慣從事物中找尋相關性與因果性，往往錯將隨機的事物認定有相關性、把有相關性的解讀為有因果性存在。對隨機性的錯誤認知與解讀，也會使我們在拼湊問題的全貌時看不見真相，進而造成決策上的偏誤。

為什麼做出理性決策不是一件容易的事？正是因為這些認知偏誤，包括個人的成見、信念與偏見，都會影響著決策過程中的各個環節，致使我們走岔了方向而不自知。

面對這個多變、不確定、複雜又模糊的世界，做出理性決策越來越不容易，但我們可以藉助思維工具來提升決策品質，做出更好的決定。

我想這正是一本告訴讀者，如何消除偏誤、做出理性決策的實務操作指南。

你的問題是什麼？

清楚陳述問題，問題就解決了一半。

——約翰‧杜威（John Dewey）

開始思索問題的解決方式之前，我們得先弄清楚「問題到底是什麼」。從基本定義來看，「問題是提出尋求解答的疑問」，但很少人體認到這一點。想要解決問題（problem），先提出一個好疑問（question）是非常重要的。換句話說，**準確描述問題是解決問題的一部分**。

由於這個緣故，本書特意加上第零章。每當我們碰到兩難或有新機會時，往往憑直覺一頭栽進去：開始蒐集資料、擬定假設、集中資源、檢驗解決辦法是否可行。這幾個步驟極為重要，我們也都會做。但在行動之前，本書——你的決策指南，建議你多一道步驟，也就是第零步：適當描述眼前的問題。

▌問題不會憑空出現，是我們主動選擇了問題

我們一般會認為，問題就在眼前，無須特意去找，它自動會跑來糾纏我們。這是錯誤的看法。選定某個問題加以解決，其實是主動的過程，無論問題出現在你的私生活或職業生涯，道理都一樣。

先舉一個隨處可見的例子。不論何時，大型企業總會面對一連串的艱困挑戰，諸如：智慧財產權官司纏訟；顧客需求和喜好不斷改變、難以捉摸；新加入市場的公司和具有關鍵地位的同業競爭；人才短缺、因領導權交接產生的質疑；可預期的罷工；政治局勢多變等。這類問題根本列舉不完。

潜在問題多到管理階層不可能同時處理，他們必須做抉擇，而這項抉擇往往受制於現況或決策者的直覺。舉個例子：前任財務長被任命為執行長，因為他習慣從財務的角度看事情，很快就發現最迫切的問題是逐漸攀高的成本，自然認為要從削減成本的專案計畫下手。又譬如，剛上完領導訓練的部門主管認定，領導能力是造成部門面臨發展瓶頸的元凶，他立刻要求所有下屬報名參加為個人量身打造的領導訓練。

不難看出，這名部門主管主動挑出了問題，也就是「欠缺領導能力」。描述問題，無論如何都是一項選擇。也許上司選了這個問題給你，但你也有權力決定如何回應。

試想另一個公共場域的例子，我們稱之為民主的討論過程，亦可視為描述問題的練習：不同的政黨綱領強調某些問題，自動淡化其他問題，競選的候選人則為自己主動辨認的問題提出解決方案。之後媒體為競選活動提供了公共論述的平台，在這個場域，新聞報紙、公共知識分子與評論家競相吸引注意，最後選民據此形成見解，投票給政見最符合一己信念的政黨候選人。

下回別馬上啟動問題模式。先退一步冷靜想想：是誰替你決定這是值得花心力解決的問題，想想對方為何這麼做，可能有什麼樣的看法。

▍不是每個問題都得解決

所有問題乍看之下都很明顯。回想前述的新任執行長，他上任初期發現某些業務人員似乎「很會花錢」，有人只搭乘費用高昂的班機，也有人和潛在客戶專挑高檔餐廳用餐，還要求報公帳。

毫無疑問，縮減開銷、降低成本，這項政策似乎很合理。但想想可能出現的第二或第三層效應，這未必是最聰明的做法。縮減開銷的確能減少昂

貴的機票費用，限制請客戶吃晚餐的開支，但也可能排擠到團隊的人力和時間，只為了逐一整理支出明細，企圖合理解釋每一筆支出。員工本來可以做更多有生產力的事，卻得花時間跑更多行政流程；此外，他們根本不會想再安排業務晚餐或商務差旅。

確切地說，淨效應有可能讓業務團隊的獲利表現變差。統計數字顯示，比起失去的利潤，這些額外的開銷根本是小錢。先說清楚，我們並不是為「過度支出」護航，它的確是個問題。但遇到上述的問題最好別急著解決，因為唯一（或典型）的解決辦法只會製造出更嚴重的問題。

但不言可喻的是，問題是**壞東西**，需要消除，過分計較核銷費用的「問題」，未必真的不好。**第一層後果**是不好的，過高的開銷直接降低了盈餘利潤，但若你想到**第二層後果**，為你的業務團隊壓低門檻限制，好讓他們拜訪高價值客戶，即使得負擔高昂的差旅費，仍可能有獲利。

並非所有問題都必須立刻解決

許多問題似乎得馬上解決，但很多時候，我們會將重要和緊急混為一談。事實上，由朱萌（Meng Zhu）、楊揚（Yang Yang Hsee）和奚愷元（Christopher K）三位學者帶領的消費者研究團隊，發現了相當重要的「緊急效應」（urgency effect），意即人們傾向先處理急迫而非重要的事。他們的研究成果顯示，一旦不重要的工作看起來具急迫性（其實未必真的急），人們很可能先處理不重要的工作（亦即客觀來說成果較小的工作），而非重要工作（有較大成果）。[1]

優先次序模型，像是有名的「艾森豪矩陣」（Eisenhower matrix）能幫助你決定處理問題的先後次序。你應該不難想像，曾任五星上將、二次大

戰期間盟軍總司令，以及美國總統的艾森豪（Dwight D. Eisenhower），也是組織專家和生產力大師。他看穿迫切的假象，曾言道：「**重要的事大多不急，緊急的事大多不重要。**」[2] 套用這個矩陣時，試問自己：

① 這個問題有多重要？如果不處理，到底會產生多大的影響？

② 這個問題有多緊急？換句話說，這個問題非得在時限內解決不可嗎？若盡快著手處理，是否能阻止後果進一步擴大？還是說，它不算重要，只是想方設法爭取你的注意而已？

　　運用簡單的 2 × 2 矩陣，可幫助你看清楚事情的優先順序：

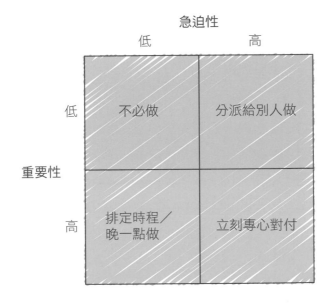

只有位於重要性高／急迫性高欄位裡的問題需要立即關注。重要而不急迫的問題，可排時間表或擇期完成，但急迫又不重要的事，如果可以最好分派出去。

並非所有問題都得由你出面解決

其實有很多問題（多到讓你驚訝），放著不管似乎就沒事了。你發現了嗎？放了一個月被丟棄的待辦清單上，只有其中幾項被劃掉，其他都沒動？十之八九，大部分「沒劃掉」的工作都已處理好了，可能是你或某人把工作完成，也可能是時限已屆，用不著做。

你學到了什麼？下次別急著在待辦事項清單上寫下要做的事，先問自己：「要是我不處理這個問題，會發生什麼事？」這種否則會怎麼樣的思維叫做「反事實思考」（counterfactual）。

以生涯抉擇為例，很多學生被問到人生目標時，「讓世界變得更好」這個答案排在很前面。他們至少可透過兩種方式來完成這個目標，一則對其他人的生活或整個環境帶來直接影響（比如當醫生，或從事政治運動或救援工作），或者透過間接影響，協助他人做更多更好的工作（例如捐款給慈善機構）。

投身重大志業帶來的影響，很可能比不上接受高薪工作，再捐一大筆錢給經營有成的慈善團體。[3] 這是因為許多直接造成影響、「做好事」的職缺相當搶手，競爭頗為激烈。如果一個人沒有接下救援人員的工作，另外一個具備相似技能的人也會獲得這份工作。所以這項生涯選擇的影響力，很可能沒有原先認為的那麼大。

假設你是急診室醫師，執業生涯裡救了一千個人，但若當初沒有接下

這份工作，也會有別人接。你決定成為醫師，在急診室救人性命，這個抉擇所產生的影響大概沒有你想的那麼巨大。[4] 舉個簡單的例子，比方說你任職急診室期間，會救一千個人。你受過良好訓練，有效率，深知自己對世界有所貢獻。但假設瑪麗、喬和湯姆碰巧住在同一座城市，跟你同一年讀完醫學院，具備相似的背景，又上同一所大學，他們也分別能夠拯救 980、950、720 個人。倘若急診室的職缺需要競爭（而且醫院能夠選擇最能幹的急診室醫師），那麼你的**邊際效應**「只有」20 條性命。為什麼？如果沒有你，瑪麗就會選擇這項職位，救回 980 個人。

另一方面，「多給一塊錢」的行為通常不太需要競爭。慈善機構不乏人才，但比較缺錢，所以捐款通常更容易達到預期結果。

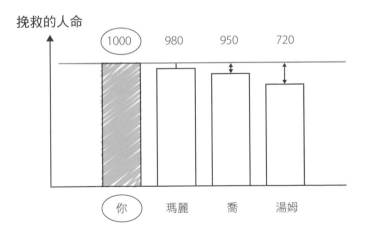

檢核表

如何著手處理問題

☑ **請記住，描述問題一定是主動的作為**

問題不會平白冒出來，而是人主動選擇並加以描述。是你做出抉擇，承認了一個問題；是你做出抉擇，積極想出解決方式。

☑ **問問題：解決了它，誰有利可圖？問題得到解決，對誰沒有好處？**

問題本來就牽涉權力關係。某個問題獲得解決，有些人因而獲益，也有人蒙受損失。以氣候變遷為例：對許多人來說是災難，也可能對人類造成重創，然而對抗氣候變遷的政策卻可能為某些人帶來好處，像是汽車公司的利害關係人。「對誰有好處」這個問題，有助於了解眼前的問題背後有哪些利益糾葛。

☑ **想想解決問題的第二層效果**

問題不會單獨存在。如同前面提到的公司核銷政策，每一個解決方案都有第二層效應。問你自己，這個問題會不會是某個較大現象的「副作用」，其實無須解決？解決以後會不會產生更多問題，還不如別去管它？

☑ **運用艾森豪矩陣排定問題的優先次序**

不是每一個問題都需要馬上處理。艾森豪矩陣能幫助你仔細檢視重要性和迫切性，改變問題的優先順序。利用它來篩選需要立刻處理的問題，把沒那麼重要的問題放到後面。

☑ **問問題：要是我不出面解決，會發生什麼事？**

若想評估你最終產生多少影響，「反事實思考」是很重要的一步（如果我不做，會發生什麼事？）。如果問題不愁沒人管，你或許可以考慮把精力放在別的問題上。

如何想出更棒的問題陳述？

假設你開了一家賣木製兒童玩具的小店。你熱愛這份工作，也喜歡全國各地的父母給你正面的回饋。但這門生意是你唯一的收入來源，你得慎重做決定。你一開始的問題陳述是：「我要怎麼賣得更好？」當然，你可以採取幾種做法：你可能考慮逐步增加廣告，積極推動內容行銷，進行口頭宣傳，或降低店內產品的平均價格。這些做法都有可能增加銷售量。

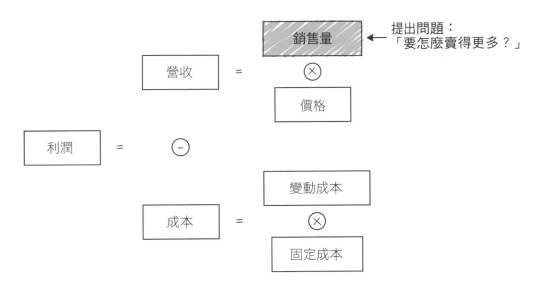

但你真的要追求的並不是銷售量，而是利潤。問題重述後變成：「我要如何增加長期利潤？」你就能看到許多全新的選項。比方說，你是否可以提高售價，用這筆收入購買更多廣告？你是否能為熱賣商品開發出較低成本或簡化版的商品，增加銷售額？你能跟供應商重談購買原料的數量和價錢，好降低成本嗎？

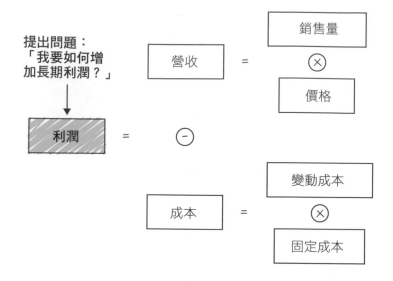

　　你把問題的焦點從銷售量轉移到利潤，也就重述了問題。聚焦在比銷售更「下游」的財務指標上，你的思考範圍也更寬廣。因為我們描述問題的方式，通常決定了後續的分析方式，**重新描述問題能促使我們發現新的解決辦法**。如果我們原本的問題描述流於偏頗或狹隘，或許只能想出次佳的解決方式。我們就會陷入局部最佳的小格局（在問題陳述的有限範圍內，得到的最佳解答），無從達到全面最佳的境界（問題本身的最佳解答）。

▎症狀 vs. 根源

　　你看到的是現象背後的「症狀」嗎？斷腿很痛，但疼痛只是症狀。注射嗎啡可以止痛，但對解決病況毫無幫助。置之不理可能導致更悲慘的後果。

　　比方說，你是軟體公司的人事總務主管。過去幾個月，你發現辦公室裡有很多垃圾，隨處可見空杯子、罐頭、餐巾紙和紙張。你認為都是辦公室員工的錯。你先是這麼敘述問題：「我們要怎麼教育員工變得更愛乾淨？」

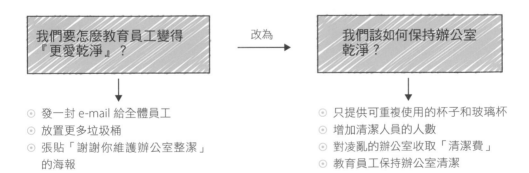

我們要怎麼教育員工變得
『更愛乾淨』？

⊙ 發一封 e-mail 給全體員工
⊙ 設置更多垃圾桶
⊙ 張貼「謝謝你維護辦公室整潔」的海報
⊙ 裁減清潔人員，「迫使」員工動手收拾

　　這個問題架構會產生一些不錯的想法，但你真的找到根源了嗎？雜亂不能全怪在人身上，也因為「東西」本身可以隨意扔在桌面、地板上，像是一次性使用的咖啡杯、塑膠包裝、紙張。將問題架構改成「我們要怎麼保持辦公室乾淨？」便可擴大尋找解答的範圍。

　　你若這麼做，更多可望成功的解決方式就會出現，最初的那種描述方式就變成其中一種面向而已。我們會在後文探討「根源」問題，教大家詳細分析這些原因。

我們要怎麼教育員工變得
『更愛乾淨』？

改為

我們該如何保持辦公室
乾淨？

⊙ 發一封 e-mail 給全體員工
⊙ 放置更多垃圾桶
⊙ 張貼「謝謝你維護辦公室整潔」
　的海報
⊙ 裁減清潔人員，「迫使」員工動
　手收拾

⊙ 只提供可重複使用的杯子和玻璃杯
⊙ 增加清潔人員的人數
⊙ 對凌亂的辦公室收取「清潔費」
⊙ 教育員工保持辦公室清潔

檢核表

如何找到新的「問題架構」

☑ 讓更多不同背景的優秀人才參與討論

邀請沒碰過這種問題的人加入。他們沒有陷入此事的泥沼，有可能提出別開生面的想法。理想人選是對這個問題有足夠認識，但無法從解決方式中獲得既定利益的人。我們從經驗中得知，這些人最為客觀，最有助於重新界定、描述這個問題。

☑ 不受制於「群體思維」，善於汲取個人的力量

許多腦力激盪會議之所以失敗，是因為只由一人主導。若要求參加者先寫下對問題的不同看法，再跟其他組員一同討論，便可避免這種現象。重新描述問題時，用字很重要。務必先讓全組的人有充裕時間思考每一種解決方案，再邀集更多人檢視各項方案。至少要五分鐘。先花一點時間做腦力激盪，要每個人盡可能多寫出幾種問題架構，要以完整的句子呈現，這一點很重要。一開始先別評定優劣，你只須要求全組的人提出各種想法，多多益善，但先保留你的看法。

☑ 提出刨根究底的問題，刺激思考

透過提出疑問，問題的輪廓得以成形。務必要等「不說話」的腦力激盪時間結束後，再開始問問題，或給一些提示。試舉數例：

◉ 這個問題的真正根源為何？哪些只不過是症狀？
◉ 如果你把範圍縮小，會怎麼樣？若是擴大，又將如何？
◉ 問題若得到解決，誰會從中獲益？誰會受害？誰對此事毫不關心？

關鍵要點

問題不會憑空存在，是我們主動選擇，對它進行描述。高明的決策者會先問「零號問題」：眼下的問題是什麼？仔細想想問題如何呈現，哪些人描述了它？他們可能獲得什麼好處？然後用力思考，就這個問題而言，重新定義是否比較好？問題到底該不該解決？馬上？是由我來解決嗎？

PART **1**
蒐集證據

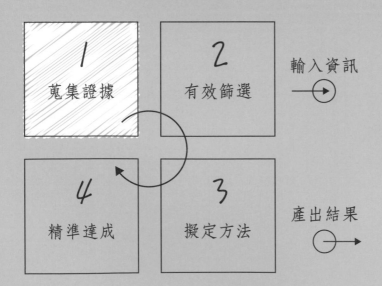

1 蒐集證據	2 有效篩選
4 精準達成	3 擬定方法

輸入資訊
→

產出結果
→

面對大量資訊，我們無力招架，不光是資訊量成長，就連成長速度也日益加快。系統理論學家巴克敏司特・富勒（Buckminster Fuller）發現，截至 1900 年，人類知識的總量大約每世紀增加一倍。到了 1950 年代初期，知識每隔 25 年增加一倍。現今隨著「物聯網」的崛起，產生的資料流將進一步壓縮知識翻倍的時程。

除此之外，我們在世間的一切努力，仍須藉助知識（透過吸收、利用資訊而建立）來做決定，採取行動。資訊增多不等於知識增長，而知識增長也不表示有更多可據以採取行動的情報。

新聞數量正持續增加，但容易誤導、不準確，甚至假資訊也變多了。尤其在這個社群媒體當道的時代，一旦出現某個錯誤、不正確的資訊，同時大肆散播、以訛傳訛，更可能引發嚴重的後果。

2016 年美國總統大選期間，有個事例特別突出。那年秋天，一群右傾的網民編造謠言說民主黨和某個兒童色情犯罪集團有關聯。不同的黨派原已造成國家內部分歧，這個消息更引起廣泛注意，在 4chan、Reddit 等社交平台上散播，有更多人透過社群媒體得知此事。一家總部設在華盛頓特區的披薩餐廳，據傳與這項不法勾當有關，陸續收到了數百封恐嚇信，是相信這種說法的民眾寄來的。最後釀成了一場事端，有個男人持械闖入披薩店，用手上的 AR-15 半自動步槍射出三發子彈，幸好無人受傷。

偽裝成事實的假消息是社會的一大問題，造成干擾與混淆還是小事，最壞的情況是刻意誤導，試圖左右大眾的想法。在「蒐集證據」這個部分，我們將討論如何蒐集資料與評論文字，據以形成自身的觀點與判斷。我們把重點放在認知扭曲上，它會遮蔽我們的觀點，看不見重要的事實，對世上的一切抱持偏見。我們用具體的例子分析這一類扭曲，告訴大家如何透過系統性方式予以克服。

很可惜，偏見不僅妨礙我們蒐集正確的資訊加以有效利用，也限制了我們的認知能力。我們通常只注意到先入之見的資訊，跟懷抱同樣信念的人來往，因而造成扭曲的視角，心理學家稱之為「確認偏誤」（confirmation bias）。[1] 我們心中所想也影響了所見的事物，就像老是在想要穿什麼衣服的人，總是會注意其他人的衣著風格；剛看完飛機失事的新聞，就會高估空難的風險。我們發現近期看過、聽過的事實或觀念，最容易記起來，這種偏誤叫做「可得性捷思法」（availability heuristic）。也就是諾貝爾獎得主丹尼爾・康納曼（Daniel Kahneman）與阿莫斯・特沃斯基（Amos Tversky），一起提出的行為經濟學嶄新概念，名為 WYSIATI（What You See Is All There Is），[2] 意即「你看見的就是全部事實」。

　　這些盲點之所以棘手，不光是因為我們錯失了資訊，也是因為我們根本沒察覺到。我們的大腦懂得如何填補缺口，將各種資訊拼湊起來，創造出避開盲點的思路。結果竟是我們相信自己在進行某項決定時，已考慮到所有重要因素，即使我們忽略了最重要的幾片拼圖。

　　由於這類認知錯誤，我們對於某些做決定時所必備的資訊渾然不察，也無法充分利用手上握有的資訊。不過，我們依然能夠採取幾個步驟，對抗認知上的侷限。接下來，我們就要介紹幾項策略，協助你發現盲點，導正錯誤的信念。

第 1 章

看清盲點

承認自己有些事不懂
同時導正錯誤的信念

我們往往太過相信自己，包括自身的意見、印象與判斷。
——丹尼爾‧康納曼，《快思慢想》（*Thinking, Fast and Slow*）

　　蒐集、處理資料是解決問題的第一步。不過，要建立準確而強大的「事實基礎」進行可靠的決策，這一路上有很多陷阱。本章的心理策略有助你揭開（看清）自己的盲點，讓你對自身的看法抱持恰當的信心。這項策略的基本性質最適合用來幫助人理解，並解決「分析性問題」。

▎承認你不懂的事

　　2005 年，吉米剛加入一家持牌計程車公司，那時開計程車再輕鬆不過。繁榮的紐約市有許多出手闊綽的專業人士，不論什麼時候都需要有人載他們去某個地方。最初他每天輕易賺進超過 200 美元。幾年後，他覺得這一行很有賺頭，決定要加倍投入。他的目標是早日達成財務獨立，於是就借了超過 25 萬美元，買了一張計程車牌照。

　　十年後，吉米發現自己無力清償債務。越來越多人改用 App 叫車，像是 Uber 或 Lyft（二者皆為共乘服務），吉米一天的收入少了很多。儘管他並非在價格最高時買下牌照（2014 年市價逾 100 萬美元），但他的下場跟紐約市其他幾千名計程車司機沒兩樣。沒人料想得到網路叫車服務的時代已經來臨[3]。2018 年 6 月，《紐約郵報》（*New York Post*）報導每張牌照已跌至 16 萬至 25 萬美元之間。[4]

　　「共享經濟」徹底翻轉了這個高度流動的世界。和不認識的人搭同一輛

車、住進陌生人的家，在幾年前是我們難以想像的事。現今這類方式已成為主流，並持續對入行已久的相關從業人員與企業造成傷害。

是否有一種系統化的方式能夠揭露我們的盲點，辨識出錯誤的信念？這就是本章的主旨：

◉ 首先，如何發現攸關決策品質的真正盲點，亦即某些缺乏資訊的領域。
◉ 其次，如何看出不正確的信念，並加以扭轉。

如何看待世界的狀態和運作方式

毋庸置疑，抱持符合事實和實際情況的信念，是解決問題或進行決策的不二法門。我們的信念（有時並非信念，而是盲點）分為三類：

1 **對現況的信念**（現今）：假如你早上七點抵達機場，以為班機是八點二十分起飛，但其實班機已於六點二十分起飛，就表示你對現況抱有錯誤的信念（而且立刻受到懲罰：錯過了班機）。

2 **對秩序當中因果的信念**：許多父母誤信注射疫苗會導致自閉症的說法，不讓小孩接種疫苗。以一個地區來說，這有可能導致接種率低於門檻，無法防止傳染病蔓延。包括明尼蘇達州在內的某些地方，反疫苗運動人士想方設法說服一部分居民別讓子女打疫苗，2017 年因而出現了逾 70 例麻疹確診病例。[5]

3 **對未來狀況的信念**（預測）：若你賭一匹賽馬贏，表示你相信這匹馬在比賽中具有相對優勢（第一級），而且也相信賽馬大會是可靠的機制，能夠準確判定賽馬各花了多少時間跑到終點（第二級）。

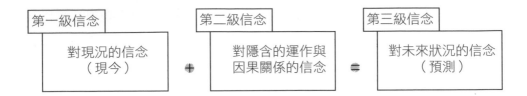

| 第一級信念 | | 第二級信念 | | 第三級信念 |
| 對現況的信念
（現今） | ＋ | 對隱含的運作與
因果關係的信念 | ＝ | 對未來狀況的信念
（預測） |

如圖所示，第三級信念通常隨著第一、二級信念變化（有時看不出來，有時很明確）。現在回來討論吉米的情況。哪些信念可能影響了他的決定？他可能是：

◉ 低估了乘客對於共乘服務的偏好（第一級），或乘客偏好改變的速度（第二級）。

◉ 高估了計程車業的力量，以為可以遊說政府制定法規，維持現狀（第一級）。

◉ 高估了都市人口的成長、人均開銷與隨後增加的乘客里程數（第一、二級的混合）。

當然，到了這時候，我們只能推測。但上述任一（或全部的）信念都可能促使吉米預測計程車業有美好的未來，因此花一大筆錢買計程車牌照。

▎可想而知是錯的

每當我們對這個世界的狀態與運作方式形成信念時，一定會有某種不確定。這不足為奇，我們就是沒辦法知道或處理每一件事。

然而，某些認知上的侷限是結構性的（因此可以預測）。這類侷限一

再用相似的方式愚弄人，扭曲我們的思考。這類侷限就是所謂的「認知偏差」，有越來越多來自不同領域（如行為經濟學與神經科學）的科學家對這方面的研究感興趣。舉例來說，實驗結果顯示出我們有下列傾向：

◉ 在尋找某個主題的資料時，過分仰賴最先發現的資訊，很難棄而不用。這是「錨定效應」。
◉ 一旦發現新證據，也不肯更新內心的信念。這是「信念修正效應」。
◉ 在不確定情況下做決定時，完全忽略機率問題。

在接下來的章節中，我們會從許多方面檢視最重要的幾種認知偏差。[6]

承認錯誤怕出糗

我們不僅在很多方面有偏見，也習慣遵從強大的社會規範（難以對抗，而且牽制我們的看法）承認不知道答案或有錯，會被其他人貼上負面標籤。假如一名資訊長在每季的績效會議上引用數字錯誤，必定受到追究。「成功領袖」之所以被視為強悍，往往只是因為他們不肯將人類常有的不確定說出口。他們必須知道前方的道路，並且勇敢前行。[7]

通常遭到批評的不是謙遜，而是具有什麼樣的心態或能力。舉個例子，說「我不知道」，可能被當成兩種意思，一是「**我不能夠知道**」，可能表示有認知侷限；二是「**我不想知道**」，表示缺乏動機去找出真相。

不同類型的無知

　　區分無知的類型，就能快速辨認你的認知。下方的矩陣圖將真誠的信念與可感知的自信程度劃分開來。

- **真誠的信念**：你相信的事物具備客觀真實嗎？抑或是虛假？
- **自信程度**：你深信自己抱持著真實的信念，還是不太有信心？舉個例子，你確信某位同事會升職，比方說他的上司才剛向你透露此事。或者，你的信念是從同事的績效做出推斷，只是大膽的猜測？

　　你每天和周遭的環境互動，做出決定時，會發現碰到左上象限的情況居多。打個不太好聽的比方：每天早上打開咖啡機電源時，應該確定它不會爆炸吧。

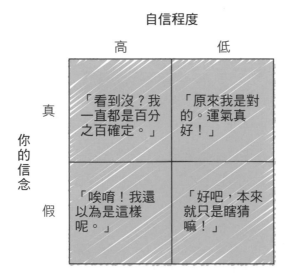

但是請注意左下象限，代表過度自信。整個 1990 年代，直到 2000 年代初期，住宅的價格持續上升，很少人意識到房市可能趨緩（更別提房價崩盤），但偏偏真的發生了，還引發一連串骨牌效應。包括拖欠貸款、房屋被查封拍賣，這對銀行造成重大衝擊，甚至影響整個經濟。許多投資人只感受到一種趨勢方向，亦即價格上揚，因而變得沾沾自喜、太過自信。

　　我們在衡量自身技能時，過度自信也起了作用，可能導致「鄧寧─克魯格效應」（Dunning-Kruger effect）[8]，**顯示欠缺技能的人往往給自己的技能打非常高的分數**，這意味著他們基本上缺乏正確判斷自己表現的能力。雖然一個人對自身能力的評估和他的實際能力有某種關聯，卻比想像中來得小。在相關實驗中，前 25%的受試者對自己在測驗中的表現不夠自信，而後 25%的應試者則過於自信。

　　假如我們尚未形成信念，也許是因為不知道某事物的存在，這又怎麼解釋？舉個例子，你尚未掌握有關人工智慧隱患的知識，只因為你根本不曉得有這回事。下方的矩陣圖能幫你理解這種情形：

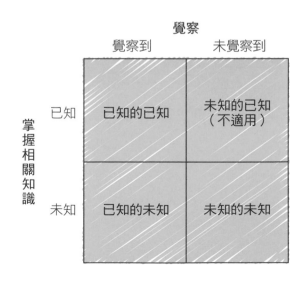

首先看左上象限「**已知的已知**」[9]。這類狀況大多較為直接顯明，沒有模糊地帶，有清楚的因果關係。位於這一區的問題和解答通常沒有爭議。比如說你的汽車爆胎，不光是問題顯而易見（你會注意到它漏氣），也因為多半看得出原因（被釘子刺穿或有裂痕）。而且，通常**只有一個解決辦法**：換輪胎。

再看左下象限「**已知的未知**」。教科書上的問題是最典型的例子。因此，當你碰到「已知的未知」，**專門知識是最佳解答**。若你還沒讀數學課本上介紹積分的章節，你不知道怎麼得出積分公式；等到你推演出公式，很快就能算出答案。這個範疇的問題看起來很複雜可怕，「正確」答案似乎不止一個。若你不拘泥小細節，就會看到這種類型的問題已經有解答。

第三類（右下方）是真正的盲點。「**未知的未知**」可說是最棘手的難題。顧名思義，**我們不知道自己不知道**（什麼事）。因此，沒有任何具體建議可用來解決這一類問題，因為它們不被人了解。不過仍有一些創意方式可以讓它們浮現。運用下面介紹的幾種方法，去想像原本難以想像的事物，把「未知的未知」從右下方移到左下方。

▌看出盲點，避開錯誤的信念

一、了解你的心智如何運作

有三種心理上的敵人讓我們難以克服盲點，改變錯誤的信念，前面稍微提過。我們的頭腦容易：

⊙ 自動尋找先入之見的證據
⊙ 用好聽（看似合理或可信的）的故事填補空白的頭腦

⊙ 挑剔眼前所見的一切，卻不太會找出遺漏的事物

　　來談談第一點，叫做「**選擇性認知**」（selective cognition）。我們傾向尋求能夠證實既有價值觀和想法的證據，而非相反的證據。要克服這種傾向，你得先清楚知道自己的價值判斷，對這個世界又抱持著什麼信念。你不僅要了解自身的看法，了解自己如何選擇媒體接收訊息，還必須了解媒體（社群）本身的狀況。

　　其次，我們的頭腦會用好聽的故事遮掩空白，而且不僅在下決定之前這麼做，之後也一樣。有個有趣的實驗：幾位科學家設置了一個試吃攤位，請路過的人試吃後說出最喜歡哪種茶和果醬的搭配。等他們做出決定後，請試吃者再品嚐一次，口頭解釋為何選擇這種口味。但試吃者不知道，此時研究人員已經更換了試吃的內容物，現在裡面裝的是完全相反的口味。但僅有三分之一的試吃者注意到改變[10]。也就是說，我們的大腦能很快把空缺補上，即使前後的體驗不太相同也是如此。

　　最後，挑剔眼前的事物（已知事物）很容易，認出遺漏的東西卻很難。本書作者經常發生這種情況，例如在檢查文件或簡報檔時，相較於揪出錯誤（如錯誤的陳述或不合邏輯的假設），找出遺漏的東西（少了某個應該要有的論點或假設）要難上百倍。

二、試著努力提出好的反面論點

　　人很容易「愛上」自己的觀點和世界觀。我們創造出適合自己的立場，然後予以捍衛，開始依戀起自身的立場。

　　不過，**盡可能提出好的反面論點**通常是不錯的做法。不要太快否決

反方意見，讓反面論點（或你自己）做出最為可信的論據，來證明**為何你是錯的**。你花越多力氣找出充分的理由，越可能發現自己的信念體系有漏洞，也會對「反方」產生更多同理心。知名思想家丹尼爾・丹尼特（Daniel Dennett）探究心智與意識的準則，曾寫道：「你應該盡可能以清晰、生動、公正的方式重新表達對方的立場，讓對方說出：『謝謝，我真希望自己想得出這種說法。』」[11]

三、要謙卑

為免流於過度自信，培養謙遜是非常有效的方法。知名物理學者暨教育家理查・費曼（Richard Feynman）說：「**我夠聰明，才知道自己很笨。**」謙遜是指調整態度，承認自己可能有錯，積極尋求忠告，並且想辦法再次驗證想法及判斷。

四、給你的信念加上機率，並且時常校準這些信念

別只是拿「你是對的」的經驗來對照，不妨更具體一些。面對一己的信念，學習謙卑會為你提升準確率。本書附錄中有助你校準信心的有效方法。

五、為你的信念下注

俗話說：「出一張嘴誰都會」。當今之世，社群媒體當道，我們還比以前說得更多。如果沒有任何風險，人極易對所處的世界妄加臆測，或講出毫無根據的話。若是我們給自己設定更高的標準，讓事情產生好的後果，激勵自己針對原先的意見多方探討，進行批判性思考，又將如何？

有個簡單的做法：養成習慣，為自己的信念或預測下賭注。如果準確無

誤就犒賞自己一頓昂貴的大餐或報酬，我們很可能更願意認真思考。喬治梅森（George Mason）大學的艾利克斯・塔博瑞克（Alex Tabarrok）教授說這種賭注其實是「徵收廢話稅」[12]，形容得很貼切。

六、採取懷疑的思維

柯林斯英語詞典（*Collins Dictionary*）2017 年選出的代表詞是「假新聞」（fake news）。這個詞彙很快在全球流行起來，更被用來抨擊負面報導和惡意媒體。

顯然，如果我們是解決問題的人，就得提防假新聞。我們首先要學會辨認，可從兩個層次上進行分析：一是這項主張本身看起來合理嗎？二是消息來源是否可靠，有沒有矛盾？

先從第一點說起。我們往往運用對大千世界的直觀知識來評定某項主張的合理性。它越是符合我們對世界的既有信念，就越合理。倘若不太符合，就需要更多證據。套句天文學家卡爾・薩根（Carl Sagan）的話：「非凡的主張應該要有非比尋常的證據。」[13]

第二點，我們可以信任資訊的來源嗎？自從有研究發現攝取糖分和心臟問題的關聯，製糖業的遊說團體（體面來說是「糖業研究基金會」）便終止了這項研究，也不曾發表結果。不僅如此，該基金會某位高階主管約翰・希克森（John Hickson）反倒悄悄塞錢給兩位聲名顯赫的哈佛科學家，要他們發表一篇論文，將心臟疾病全歸咎於飽和脂肪[14]。這個例子顯示，弄清楚閱聽來源發表某項資訊的動機有多重要。為什麼要大費周章說出來或發表文章？這個來源的動機是什麼？他們的資金來自何處？更要緊的是，誰會受益？

動機未必都在道德上站不住腳。以刊登科學文章的偏見為例，眾多書面證據顯示，科學家往往只發表有重大正面結果的論文[15]。換言之，研究的結果在一定程度上決定了有無發表的可能。從科學家和期刊的角度來看，這種做法是完全合理的，卻造成令人憂心的科學成果失衡，在重大科學課題上產生扭曲的「科學界共識」。

除了動機，還得問問自己：這項來源是否能夠傳達真實的主張？它有辦法做必要的研究及分析，據而提出可信賴的資訊嗎？正如你在問路時，不太相信喝醉的人會告訴你正確的方向，你也不會在摔斷腿時去找精神科醫師，畢竟他無法治療你。

七、汲取他人的見解

如同先前所述，我們在解決問題時，往往太早偏向於某種詮釋，就算發現了反面證據，也不會改變看法。我們對於故事和各種說法照單全收，卻漠視提出別種理由的評論。要解決這種與生俱來的偏見，方法很簡單：**汲取他人的見解，從中獲益。**

當我們工作時，常常需要和其他人打交道，這些人極有可能沒有你具有的盲點，因為每個人的人生道路都不一樣。你不妨指定他們扮演不同的角色，刻意利用他們的分析重點來檢驗你的信念。有兩種「身分」很適合在團體情境中使用：

⊙ 「**故意唱反調的人**」在團隊中是極為重要的成員。首先，他能指出某種方式的問題或風險。故意唱反調的人未必真的懷疑某項提議，只不過在驗證正確性。他或她會去找新證據，也許是你不知道的證據，也許你壓根沒想

過要設法找出來。美國中央情報局和某些政府承包商也有類似的做法，稱之為「紅隊」（red teams）或「紅細胞」（red cells）。這些獨立的團隊會刻意挑戰現有的意見或觀點，以查出瑕疵、盲點或其他缺點。中央情報局在九一一攻擊事故後，建立了這樣的團隊，它們發揮的影響力不容小覷。[16]

⊙ 「**查證事實者**」讓大家看清楚某些主張背後不易看出的假設，而且「再確認一次」事實。不同於唱反調的人，查證事實者不見得採取與你相反的立場。他們的角色只是為了挖得更深，讓隱含的假定或前提浮現出來，或者拿證據比對說詞，在對話當中注入事實。

不過，不要期待人們自然而然扮演這些角色，尤其是在階層分明的環境中，更缺乏足夠的誘因讓人提出具批判性的想法。最好刻意提名某些人來充當這些角色，也不妨考慮經常輪替角色，比方說每開一次小組會議就輪流一次。這麼做，不單對你手上的工作有幫助，也能促使扮演該角色的人更細心、更具批判力地思考。

關鍵要點

人類沒有先天機制能偵測錯誤的信念，也不擅長體認自己不知道的事。相反的，我們只會尋找確認原有偏見的證據，同時編造騙自己的故事來填補缺口。為了讓自己成為解決問題的高手，經常檢視自身的信念體系非常重要，而且要適度調整信心程度，努力鍛鍊自己，做人處事也要更謙遜。

第 2 章

打破偏見
看穿大腦的把戲

我們知道越多，就會變得越無知，這個說法既矛盾，卻又真實。
因為唯有透過啟蒙，我們才會察覺自己的侷限。
知識進化最令人愉悅的成果之一，正是持續開展更偉大的新願景。

——發明家 **尼古拉・特斯拉**（Nikola Tesla）

你要有組織地使偏見浮現，並加以檢視，因為這是拓展視野的方法之一，不只是為了可以看得更清楚，也是為了看得更寬廣。蒐集證據是關鍵的階段，提出分析與建議的品質（產出）取決於投入程度（你所彙集的資料與證據）。目標應該盡可能客觀與全面。

請記住，大腦產生盲點的機會很大。我們這一章談論的情況未必會對你產生影響，你甚至可能覺得自己絕對不會這麼做。儘管我們善意提醒這樣可能產生過度自信的偏見，但是沒有關係。我們認為，這個心理策略將在蒐集資訊、處理或沉思時，對你有所助益。

▍看穿大腦的把戲

你是否曾在漫長的一天結束後，開車進入自家車道時，不太確定自己是如何回到家的？你是否連午餐都重複點相同的東西，即使內心知道，要是能發掘新菜色，你可能會有更偏好的餐點？你是否曾剛認識某個人，因為對方長得有點像自己的另一名朋友，立刻咬定新友人的個性會是如何？即使過了幾個月，你了解到他一點也不像你以前的朋友，你是否還是需要一段時間，才能擺脫既定的假設呢？

前文我們談到如何察覺盲點，如何克服和改變錯誤的信念。在本章我們

會深入討論，當你開始蒐集證據、更新信念時會出現的情況。我們希望強調人類的資訊處理能力會受到限制的方式，我們的決定會受本能反應的影響有多強烈，同時希望帶領你跨越可能碰到的可預期偏見，幫助你克服。

▌ 認知偏見

最近數十年以來，心理學家與行為經濟學家已發現一些認知偏見，這些偏見會有系統地扭曲人類蒐集資訊和做出決策的能力。這種「**雙處理系統理論**」（dual processing theory）認為，人類的決定受到兩種不同「系統」的影響。[1] 系統一是存在較久的系統，是人類過去從靈長類進化而來的遺留物，依賴的是我們的直覺。相對的，系統二則是受到理性與思考的影響。[2] 你可以視系統一為「本能」系統，系統二為「審慎」的系統。

系統一的思考通常較快速，且更頻繁、更自動，但依賴的是刻板印象和粗略的估計。我們的祖先不需要知道地平線上出現的模糊物體是獅子或犀牛，唯一重要的是觸發「戰鬥或逃跑」的模式。系統一的思維像是一種心理自動導航，如果你曾在若有所思時，不知不覺把車子停進你家車道、有點訝異自己為何能順利回到家裡時，就是系統一在為你導航。系統一非常有用，使我們能夠在外頭穿梭自如，不必一再重複做決定，思考不會負荷過度。

系統二的思維常被形容為審慎、費力，且具思考性。舉例來說，我們常將系統二的思維用於試著組合出新學語言的句子、遵照說明書來組裝 IKEA 家具，或是在公司開發新的業務部門時與他人協調。

行為科學家過去數十年發現的偏見中，許多偏見源自於在需要更多思考和深思熟慮的情況下，人們卻使用了系統一的思維，但或許使用系統二會更有幫助。在許多情況下，系統一的思維使我們的視野變狹隘，只注意到整體

情況的某一個特定面向，而忽略其他面向。本章將探索系統一造成的偏見如何限制我們蒐集資訊的能力，以及如何改善這個問題。

▎ 演化有所助益，卻也造成傷害

隨著認知科學、社會心理學與對判斷和決策的研究持續發展，我們知道更多人類處理資訊和決策時遭受的侷限。時至今日，研究人員已記錄超過一百種可能影響人類判斷的認知偏見。諷刺的是，正是其中的某些偏見使人類得以生存長久。世界非常複雜，我們時常得面對大量資訊，你可以想像自己戴著眼罩，而這些偏見竟還能幫助我們分辨敵我、食物和毒藥、威脅和良機。的確，在現代社會中，我們要處理的資訊變得越來越複雜。

我們的目標是幫助你確認做決定時可能蒙蔽你和所有人的某些偏見。當然，這些並不完整，但我們希望你能從本章學到三件事：

⊙ 我們的動物本能具備根深柢固的資訊蒐集和處理能力；尋求真相的重要性排在快速處理資料和自我保護兩者之後。
⊙ 當你跟團隊試圖有系統地蒐集資訊，並加以理解，但仍會一再浮現許多可預期的偏見。
⊙ 你可以採取步驟來辨識、降低與對抗這些偏見，本章會提供一些方法。

研究人員如今已記錄超過一百種認知偏見[3]，本章將介紹蒐集證據過程中最容易影響你的一些偏見。

▍三種「失真」：簡化、合理化、固執

在這個部分，我們想簡短介紹最可能在生活或工作中遇到的一些偏見。由於本書第一部分著重在蒐集證據，我們只把重點放在蒐集證據階段時，會侷限人們觀察能力的偏見。別擔心，稍後我們討論制定決策和採取行動時，就會談到其他偏見。

當我們開始處理資訊，準備做出決定，我們通常會遇到三種「失真」的狀況。我們會**簡化**（**simplifying**）、**合理化**（**sense-making**）觀察到的情況，然後**固執**（**sticking**）於自己的看法。若是沒有察覺，也沒有受過訓練，要馬上發現這些偏見幾乎是不可能的。

▍我們容易簡化資訊，形成刻板印象

在某些方面，我們的大腦就像鯊魚，在水裡快速前進、尋找獵物，立刻咬住任何出現在思考路徑上的資訊。人類是有天分的資訊搜尋者，但就像飢餓的鯊魚一樣，我們常咬住出現在路徑上的第一項資訊，而不會停下來仔細檢視。抓住單一資訊本身並非問題，事實上，這常常是有效率的方法。問題是，這樣容易影響我們接收其他資訊，這種現象稱為「**錨定效應**」（anchoring）。我們記得單一證據，做出決定，往往卻犧牲了更穩當的平均值或具代表性的範例。

刻板印象的範圍廣泛，包括所有和觀察與資料蒐集有關的偏見，例如「聯結謬誤」（conjunction fallacy）。以特沃斯基和康納曼 1983 年研究中的例子來說明，想像一下這位人士：「琳達 31 歲，單身、坦率直言，非常開朗。她大學主修哲學，在學生時期，她深切關心歧視與社會正義的議題，也曾參與反核遊行。」

兩位學者繼續問：「下列兩個敘述哪一個更可能是真的？ 1. 琳達是銀行行員。2. 琳達是銀行行員，且積極參與女性主義運動。」[4]

結果，大多數的人被問到這個問題時，都會選擇二，甚至許多統計學家也是如此。然而，如果你更仔細檢視，你會注意到兩個敘述交集（A 為真，且 B 為真）的可能性，必須至少和只有其中一個（A 為真）的可能性一樣高。但是，因為對琳達的描述符合我們對女性主義者的偏見，我們會立刻接受第二個解釋。

看看下方的左圖：重疊部分（陰影區）表示琳達是銀行行員，同時又積極參與女性主義運動。換句話說，只有在一種情況下，第二個可能性（琳達是銀行行員，且積極參與女性主義運動）等同於第一個可能性（琳達是銀行行員），也就是下方右圖的情況。在其他任何看起來更像下方左圖的情況下，敘述二的可能性比敘述一要低得多。

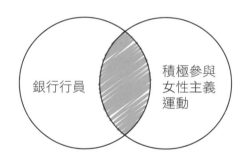

▍我們會合理化情況與編故事，即使事實並不存在

正如我們渴望抓住所見到的第一項資訊，我們也傾向於盡快理解所接收的資訊。身為人類，本能會想要有能力說明、表達周遭世界，也希望這個說

明簡單，最好只有單一的解釋。但實際上，世界上所有的事情幾乎都不只有單一一個原因，但是我們告訴自己和對彼此訴說時卻總是如此。

相較於記住資料，大腦更容易記得故事。在一項非正式的研究中，史丹佛商學院的珍妮佛・艾克（Jennifer Aaker）教授請她的學生盡可能回想其他學生上台報告時的所有內容。只有5％的學生能夠回想起報告中的資料，但有63％的學生能夠想起同學在報告中說的故事。艾克教授之後在《衛報》（The Guardian）的訪問中表示：「研究顯示，我們的大腦並非天生用來長時間理解邏輯或記住事實，我們的大腦反而更能夠理解與記住故事。」[5]

當我們有系統地形塑故事，這種效應會更強烈。舉例來說，我們常仰賴決定的結果，來衡量此決定的品質，或做出未來的決策。有一個不錯的例子是，我們發現自己會說：「結果，希拉是個相當好的行銷經理，所以我們的招聘流程一定很棒。」用我們事後所知道的事，來衡量當初應如何決定，這是冒險的做法，無法讓我們正確衡量隨機機率或計算風險。

為了了解人類有多喜歡故事和提出結論，我們來研究決策科學家強納森・巴隆（Jonathan Baron）與約翰・賀希（John Hershey）的實驗，這兩位科學家都試著量化結果的偏見。他們告訴受試者以下案例：一名55歲男性患有心臟疾病，可進行一種繞道手術緩解病情，不過，曾有8％的手術患者因接受手術而死亡。醫生決定要進行手術，他們告訴一半的受試者，病人後來存活下來，告訴另一半的受試者病人後來死亡。得知病人死亡的受試者，較可能認為是醫生做出錯誤的決定。[6]

▎我們會堅持自己的解釋，難以改變想法

我們一旦掌握某些證據且由此產生故事，就難以擺脫既定的想法。我們

非常喜歡堅持自己的故事，大腦也會找藉口這麼做。如同第零章介紹的「確認偏見」，我們傾向於按照現有的信念或故事，去詮釋新的證據。

　　確認偏見影響我們觀察與處理大範圍資料的方式。舉例來說，你的團隊剛僱用一名新員工艾佛莉。在第一次團隊會議中，你注意到艾佛莉沒有發言，你記住這個資料點。你告訴自己，艾佛莉是個害羞內向的人，在其他每次相遇的時刻，你下意識尋找證據，來證實你的故事：艾佛莉在會議上沒有發言、沉默以對、你覺得她沒什麼貢獻。這個確認偏見相當強烈，讓你可能忘記艾佛莉曾在第二次會議中發言超過五次，甚至不記得艾佛莉和同事在休息室大聲聊天，或曾和新供應商積極對談。

　　你已經形成自己的觀點，而你的大腦就像執著的導熱飛彈，積極尋找著證實結論的資訊。

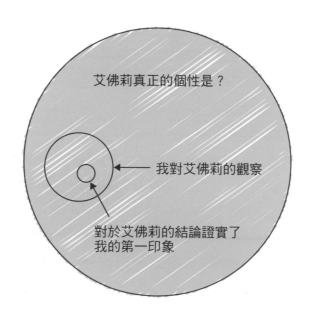

消除自己的偏見

一旦了解大腦無可避免地玩這些把戲，你自然也會想要迎戰，看看自己是否能找到方法克服偏見。當你踏上這趟旅程，我們希望你先知道，系統一在許多方面是非常寶貴的。如果人類必須時時刻刻仔細權衡和處理所有遇到的資訊，我們根本無法運作。儘管系統一相當有用，卻也可能阻礙謹慎客觀的決策制定過程。在重要時刻喊停，對消除偏見很有用，我們希望能給你有價值的方法。

懷疑自己

首先，了解偏見在何時可能出現很重要。就像我們在書中提到的，小心留意做決定的過程，以及遭受的外力，這是用不同方式做決定的第一步。這種警覺能幫助你標誌或註記可能受到情境偏見影響的狀況。你對某項事實有多肯定？你的信念有多堅定？

你越是信心滿滿，就越不可能注意，或積極尋找可能反駁現有信念的證據。舉例來說，如果你對一家公司的新產品特別熱愛（或許你甚至曾參與創造該產品），要你聽取其他部門的批評，或是理性看待大眾不喜歡該產品的市場調查，也會更加困難。

我們剛認識一個人，本能會對他做出論斷。我們的大腦無可避免受到第一印象影響，遠遠勝過第二、第三或第十印象。的確，第一印象的份量將影響後來所有的印象。以此為起點，當你度過明天一整天時，請注意你可能受到這三種偏見（簡化、合理化、固執）當中的影響。

我們得尋找一些方法，好更加了解自己的傾向，以及可能在哪些不知不覺的情況下出現偏見。哈佛大學有一項非常有用的內隱聯結測驗（Implicit

Association Test）[7]可以做為起點。此測驗突顯出你的大腦會自然把特定的類別聯結在一起（例如：你比較容易把「科學家」一詞和「男性」或「女性」聯結？你比較容易把「家長」一詞和「男性」或「女性」聯結？）。這項測驗並不會消除你的偏見，但將有助你發現可留意的地方。[8]

特意建立蒐集客觀證據的方法

一旦你找出可能受偏見影響的情況，就必須找到破解的方式、打敗大腦。你需要準備好方法，蒐集新資料和訴說不同的故事。其中一個方法是刻意蒐集客觀、全面的證據。

筆者兩人在哈佛大學就讀研究所時相識，我們觀察到，哈佛這個教育機構努力用理性的系統二思維，取代反射式的系統一思維。在哈佛商學院的MBA 課程中，課堂參與度占學期總成績的一半[9]。你可以輕易聯想到在第一週，教授會對課堂學生發言的頻率做出快速的判斷。你也能想像教授可能深深受到刻板印象的影響，或許教授會假設男性較女性更有自信或更果斷。過去就曾發生過，男性的課堂參與度成績一向比女性高。為了使課堂討論的過程對所有人更公平，哈佛商學院引進一種追蹤制度，派一名文書人員坐在教室裡，記錄每位學生的發言頻率（或沒有發言），教授之後可以在打成績時參考這項客觀的紀錄，而非依靠自己有偏見的印象與記憶。

刻意多元化

當你蒐集證據時，刻意搜尋相反的意見，在任何領域都可以這麼做。選擇你通常不會收看的媒體（也許是報紙，或是新聞網站）、刻意在會議中記下「害羞」的團隊成員在每週會議中發言的頻率。在個人生活中，請政治主

張與我們迥然不同的朋友推薦閱讀的文章，或是請他們推薦我們可能會願意在推特上追蹤的評論員。結交來自世界各地的朋友，也可以促進多元化。舉例來說，本書作者之一的茉莉亞很容易理解澳洲政治的最新發展，但她需要一些助力才會去關注南歐的新聞。

檢核表

如何消除自己的偏見

✅ **在惹禍上身之前，你最好停下來，不要繼續**
如同我們第一章的建議，記得採取懷疑的心態，即使對象是自己。一開始就假設自己的參考架構是有限的，並尋找方法加以擴大，這樣才是健全的做法。

✅ **建立客觀的證據基礎**
當決定相當重要時，從有系統蒐集證據開始回答問題，而非依賴印象，敦促自己能夠回答下列問題：「什麼能讓你改變主意？」

✅ **管理接踵而來的訊息**
現在就尋找方法接收多元化的資訊！不要等到你試著解決一個大難題時才這麼做，理所當然地敞開心胸，接觸新觀點。

關鍵要點

大腦利用許多捷徑來引導我們生活，問題是這些捷徑多數適用於消失已久的環境，因此會在現代社會環境中造成偏見。就蒐集資料和證據而言，有三種偏見特別相關。首先，簡化與刻板印象。其次，太快接受似乎「說得通」的故事。第三，天生執著於自己擁護的信念。積極消除自己的偏見需要時間，但這是可以學會的。一切始於承認有眾多失真的情形存在，要心存警惕，以及練習將思維刻意轉移至系統二的方法。

第 3 章

探索資料
蒐集資料、檢視和圖解，發掘關鍵見解

目標是把資料轉化為資訊，把資訊轉化為見解。

—— 惠普集團前執行長　**卡莉・菲奧莉娜**（Carly Fiorina）

　　開始檢視或解決問題時，自然會先尋找證據。我們常在尋找證據時抓住第一個線索，但這樣的方向是錯誤的。如果資料無法合理反映現實，等於冒著完全抓不到重點的風險。

　　我們是使用資料的人，而不是直接提出分析的人。通常，你是認真檢查別人整理出來的資料，而不是靠自己彙整資料。因此，本章的檢核表看起來會有些不同，這是關於何時該問什麼問題的指南。

█ 你應該何時創業？

　　矽谷普遍認為，最優秀的科技公司執行長是一群年輕人，他們具有最原創的點子，能夠顛覆現有產業，準備好大幹一場。等等，你來想像一下成功的科技執行長，他們看起來像什麼？我敢打賭他們穿著牛仔褲和球鞋，而且很年輕，非常年輕。這是相當常見的假設，事實上，重要的投資者和風險投資人總會以懷疑的眼光看待超過 30 歲的執行長。頂尖創投育成機構 Y Combinator 的共同創辦人保羅・葛拉漢（Paul Graham）對《紐約時報》說過：「投資人腦海中的執行長年齡上限是 32 歲。」[1]

　　這種假設是有幾分道理的，我們很容易會聯想到馬克・祖克柏（Mark Elliot Zuckerberg）這樣超級有名的創辦人形象，他在哈佛大學的宿舍裡成立了 Facebook，或是想到謝爾蓋・布林（Sergey Mikhaylovich Brin），

他則是在 25 歲時與友人共同創立 Google。人們從這些容易取得的資料得出推論，然而，問題在於事實證明，這些資料完全不具有代表性，而且容易遭到其他資料反駁。本章將闡明為何在使用量化證據，提出具有說服力的論點上，我們常常顯得很吃力。

　　稍後我們再來談執行長的案例。首先，我們希望提供你正確蒐集資料，加以理解的工具。這些工具將有助你克服上一章談到的偏見，為你展開更理性、更客觀的決策方式。

　　做出前後一致、高品質的決定，第一步是取得和使用有助於產生客觀立場的資料。許多人認為，自己在取得、利用與理解資料方面處理得很好。但證據顯示並非如此，即使面臨鉅額虧損這種高風險時，我們對問題也並未清楚仔細思考。即使我們有能力做到，我們也不會設計結構化、以資料導向來

祖克柏看起來像執行長嗎？

解決問題。如同保羅‧葛拉漢在同一篇採訪中所述：「就連我看到長得像馬克‧祖克柏類型的人也都會被誤導。」[2]

回到執行長的話題。事實證明，超狂又成功的年輕執行長是個迷思。以下四位是具有量化思維的優秀研究員：皮耶‧阿佐雷（Pierre Azoulay）、班哲明‧瓊斯（Benjamin Jones）、J‧丹尼爾‧金（J. Daniel Kim）和哈維爾‧米蘭達（Javier Miranda）。他們看遍了大肆宣傳 20 多歲執行長或 10 多歲新創公司創辦人的雜誌封面。在檢視著名創業大賽 TechCrunch 的獲勝者之後，他們得出結論：獲勝者平均為 29 歲[3]。這場比賽的評審是精明、經驗豐富的投資者，一定曉得自己在做什麼，對吧？

錯了。研究人員使用美國人口普查局提供的資料，檢視了美國人創業的平均年齡。結果創業的平均年齡為 42 歲，比臉書創辦人祖克伯創業的 19 歲大一倍以上。此外，研究人員發現，年紀較大的企業家更可能成功，這是他們完全想像不到的。隨著企業家年紀增長，極端的新創公司成功案例（定義為就業成長位居前 0.1％的新創公司）也跟著增加，一直到將近快 60 歲。結果，我們的企業家英雄看起來一點也不像馬克‧祖克柏。在本章，我們希望幫助你停止用單一資料點（無論是離群值，還是平均值）思考，而是開始以分布情形進行思考。

▎你可以反駁，再形成自己的假設

有時你會收到一疊的資料，像是季度銷售報告、一堆的收據、各個國家的國內生產毛額成長率總覽，還需要看懂這些資料的意義；也可能是你要給別人資料，然後需要確認對方是否確實了解資料的意義。

在理解資料的意義時，你需要有條理。第一步，我們鼓勵你形成假設，

並以此做為檢驗工作的基礎。若是沒有假設，你可能永遠在資料中打轉，無法真正有所進展。[4]

　　你應該把資料分析視為好機會，可以針對一個或更多特定的問題形成見解。這類練習的最佳切入點是說出清楚假設，且假設應為提議而非問題的形式。想像一下，你正在考核業務員的年度業績，其中一些人因為有額外的業績表現獲得獎勵；而有一些人只拿到固定的薪水。你想知道獎勵金是否值得，所以寫下一些假設（把這些假設視為非常初期的想法）。快速簡便的檢核表可能像這樣：

⊙ 假設一：業務員獲得獎勵金會賣得更多。
⊙ 假設二：隨著可能的獎勵金比例增加，業務也會增加。
⊙ 假設三：結果增加的業務收入超過了提供獎勵金的成本。

　　有時當我們在指導資淺或新進員工時，要他們提出假設，他們會有些遲疑。他們會擔心，如果假設不成立，會對他們有不好的影響。我們可能會聽到：「在看過全部的資料之前，我不想貿然提出意見。」或是「現在還言之過早。」這些我們能理解，但是假設是個提議，並非解答或結論。說出假設的目的，是建立分析的架構與按優先順序處理分析。若沒有假設，可能會永遠在資料中打轉。如果你不是分析的人，而是資料的最終使用者，這個步驟就更為重要。如果團隊中的某人或顧問正準備進行這項工作，你更要投入構思和完善你的假設，以便從練習中獲得想要的東西，這點非常重要。

▎仔細檢查你的資料

　　即使你有一些思慮周到的假設，也不要立刻進行測試。首先，你需要確認你的資料是否適合這項工作。下方的檢核表是我們在鑽研資料前，常會提出的問題概要。

問題	為何重要	範例
這個資料集是否完全具有代表性？	你的資料需要接近現實，可能方式有下列兩種： • 全部「總體」資料 • 隨機樣本 如果你的資料不包含觀測研究的總體，或統計的隨機樣本，該資料將不具代表性，這表示不可能從資料得出統計上有效的推論。資料或許依然對你在處理的議題，能提供有用的見解，但是你應該小心謹慎。	你可能擁有客戶與公司交易的資料，對你而言，這可以視為「總體」資料。但假如你只有刷卡紀錄，而沒有現金交易紀錄，這樣就不具代表性。 有時候，試圖蒐集總體資料是工程浩大、不切實際或昂貴的做法。舉例來說，你想了解組織內每位員工的滿意程度。你可以詢問每一個人，或是可以詢問同樣員工的隨機樣本。重點是，樣本在面向上接近你的總體（該樣本中的男女比例與組織的全部員工大致相同、年紀較大和年紀較輕員工的數量具代表性，以及樣本的員工來自各個據點）。

問題	為何重要	範例
這個資料集的來源為何？資料是如何蒐集的？	資料可能偏頗或不具代表性的警訊： • **自我選擇的回應**：是否有任何特定的小群組比其他人更可能回答？ • **自我報告的回答**：人們傾向被他人以正面看待的方式來回答問題。 • **出於私利的分析**：進行調查者若和結果有利害關係，則應以存疑眼光檢視其資料。例如，清潔產品製造商所做的研究結論是，「一般家庭充滿有害細菌，可加強使用清潔產品來清除」，這項結論應以懷疑眼光看待。 • **刻意的回答與觀察到的行為**：詢問健身房會員下週是否打算運動，和檢視健身房的簽名紀錄本（顯示偏好）相比，前者可能較無法呈現實際的運動習慣。	延續員工調查的例子，如果你向所有員工發出問卷詢問滿意度，你應該假設收到的回答具有代表性。誰回覆此類問卷調查？非常滿意的員工、不滿意的員工，以及希望調查結果特別好或差的員工。 其次，如果你詢問他們的行為，而非觀察他們的行為，更要當心。身為行為經濟學家，本書合著者茉莉亞仰賴的原則之一是，「所有人都會誤導別人，但沒有惡意」。人們傾向於誇大自己的正面的行為，少說較不正面的行為（這稱為「自利偏差」）。每當你依賴自述的資料時，都應該留意自利偏差的風險。 例如，如果你問異性戀伴侶，他們各自做家事的百分比，兩者相加總數通常會遠遠超過 100%。顯然，觀察行為或甚至檢視家務日誌在這裡會更有用。

問題	為何重要	範例
在這個資料集中有誰被遺漏了？[5]	知道你的資料集中少了誰或少了哪些東西，這一點非常重要。有兩種失效模式要注意： • **隨機遺漏的資料**：把它視為排除在資料集外的觀察值，但不會影響到你在意的變數。 • **非隨機遺漏的資料**：資料集中有觀查值遺漏，這確實會影響你在意的變數，這些系統性偏見會明顯扭曲你可能從資料集中獲取的見解。	這兩種遺漏的資料像什麼？ • 隨機遺漏的資料：假設五月某一天，其中一家商店的銷售點機器並未正確記錄當天交易。你只有那間商店三百六十四天的資料，除非這一天對分析特別重要（例如，美國感恩節之後的黑色星期五購物節），否則少了一天或許不會改變哪些門市是最賺錢的分析結果。你或許能夠拿同一家商店前一年同一天的資料，來補足遺漏的資料。 • 非隨機遺漏的資料：在我們的銷售資料集中，少了某些州的線上銷售紀錄，只有業務員的直接銷售紀錄，以及其他州的線上銷售紀錄。在這種情況下，你必須在進行分析前，找到另一種方法來蒐集遺漏的資料。或是你可以用現有的資料得出有關業務員的銷售結論，但線上管道的部分則沒有辦法。

▌首先，把資料切割成區段

你已經檢查過上面的表格，並對資料有信心。這些資料似乎具代表性、相對不具偏見，且符合目的。現在正是好好利用資料的時候。

我們的大腦喜歡經濟學家所謂的「參考點」，我們能夠理解由資料形成的想法。平均值就是經典的參考點，我們都記得學校教過，平均值的計算方式為總值除以數量得出的數值。在這個意義上，平均值是有用的，能讓我們知道「什麼大概是對的」。

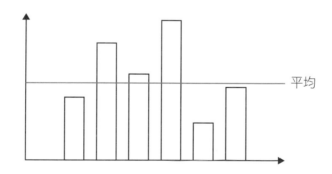

但從另一個角度來說，平均幾乎毫無用處，而主管、教育工作者、政治人物與分析師對「平均表現」的關注，可能會造成誤解，甚至危險。不過，平均值也可能是非常強大的激勵工具，就像我們在前一章所看到，人類喜歡拿自己和平均值比較，並且試著超越平均值。

首先，我們先來想想生物老師與 30 位同學的範例。這些學生定期接受筆試，來判定他們對課堂內容的理解程度。當然，有些學生的表現比較好。以下是上次考試成績的簡單圖表：特定成績的學生人數為 Y 軸，成績（滿分為 100）為 X 軸。

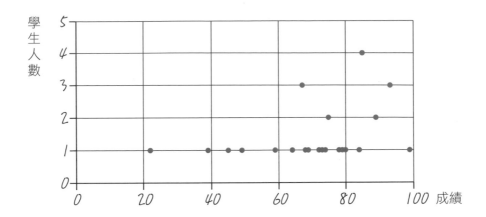

　　我們可以觀察資料分布的情形：在滿分 100 分中，少數的學生得分低於 50 分，相當多的學生得分在 60 至 80 分之間，還有一些學生得分在 80 分至 100 分之間。為了真正了解所有新的資料，我們做的第一件事是畫出直方圖（Histogram）。我們認為直方圖是相當重要，但卻不受青睞的圖表，直方圖能立刻讓你開始探索可能性，讓你有機會想像特定觀察值（此處為成績）可能的情形。請看圖 a 這個直方圖。

　　一旦有了直方圖，可以立刻檢視成績優良與不佳的情況，也可以知道資料的分布情形。圖 b 是資料分布的草圖，這個班級有一些考試成績不錯的學生，也有一些明顯表現不佳的人。想像將這個練習用於業務員和營收，或是資訊科技支援團隊和處理要求的數量。你可以馬上發覺直方圖強烈影響我們對資料的印象，我們可看到不少學生考試表現非常好，許多學生表現不錯，而少數學生表現不佳（吊車尾的學生讀得很吃力）。

　　從圖 b 來看，你應該會覺得「平均」（中間）成績在此未必有用。但

圖 a

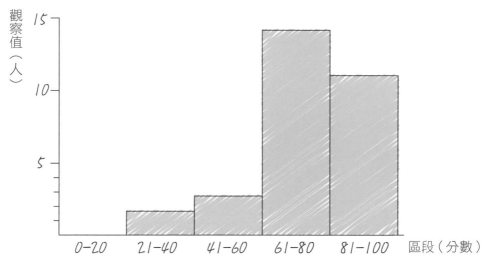

圖 b

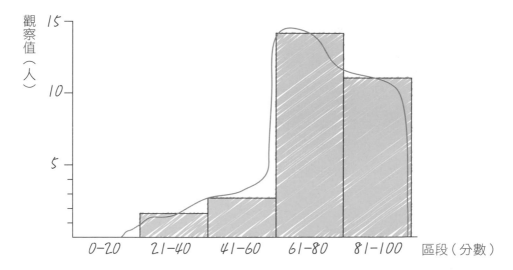

是，你可能會覺得，看到其他成績有助於了解實況。例如，想知道學生的成績範圍，你可以查看最低與最高的成績。畫出直方圖後，我們立刻計算一組描述性的統計資料，幫助我們分析其中的故事。我們對圖 b 這組資料集這麼做，但目標是幫助理解資料，未必會有任何結論。舉例來說，從圖 a 的直方圖來看，我們不知道考試的難易程度，考不好的學生是因為不懂、生病，或只是吃完午餐後心不在焉。一旦有了直方圖，下一步就可以進行「五數概括法」（five-number summary）。

使用描述性的統計資料

五數概括法能幫你進一步探索資料。以上述這個資料集而言，看起來像這樣：

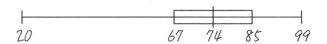

這個圖稱為「箱形圖」（box and whiskers plot，又稱盒鬚圖、盒式圖），是另一個不受重視的圖表，卻能強烈視覺化你的資料。箱形圖能呈現四件事：

⊙ 中位數，就是分布情形的中間點。得出資料集的中位數以及平均值一定會有用，因為中位數較不受離群值（例如非常高、或非常低的成績）的影響。

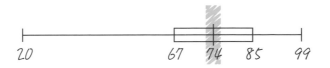

⊙ 資料集的最小值（在此處，那位令人遺憾的學生得到 20 分）。
⊙ 資料集的最大值（在此處，那位得到 99 分的聰明學生）。

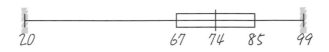

⊙ 資料集的第 1 四分位數（Q1）和（在這種情況下）第 3 四分位數分別為 67 分和 85 分。

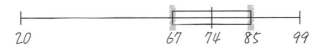

　　我們剛剛所敘述的資料練習幾乎不用花什麼時間。在小型資料集中，你可以和我們一樣用手畫出圖表；若是大型資料集，資料分析軟體（例如：Microsoft Excel、SPSS、Stata、R）能幫你立刻計算。對於進行資料分析的管理者而言，在展開任何其他工作前，算出這些一目瞭然的敘述性概要，能讓你實際檢驗正在處理的資料。

　　這三項工具（X-Y 散布圖、直方圖、箱型圖）可做為掌握資料的有力工具。想像一下你是客服中心經理，而以上使用的資料代表你每位員工在每通電話之間閒置時間的平均分時數。如此就非常容易找出領先者和落後者，以及看出團隊人員的表現差異。在箱型圖中，我們的生物老師能立刻將資料分

組，他不再擁有 30 名學生，而是四群成績程度不同的學生，每一個群組或許需要不同的教學方法。

資料分布

看過範例中的數值分布情形，我們再向你介紹一些常見的分布情形（即資料可能的分布型態），並幫助你預測何時會見到這些分布型態。[6] 藉著知道最常見的分布情形和其最可能出現的條件，你就能對已觀察到的可能性進行推論。更重要的，了解常見的分布情形有助於更準確地推測尚未觀察的資訊點。了解資訊的分布情形能讓你從單一觀察點進展至識別模式。

常態分布

這是你可能最熟悉的分布情形，因其形狀通常稱為「鐘形曲線」（bell

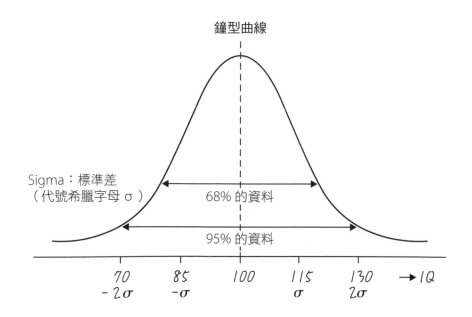

curve），或以知名數學家及物理學家卡爾‧弗里德里希‧高斯（Carl Friedrich Gauss）之名稱為「高斯曲線」，這是自然史中最常出現的分布情形。舉例來說，人類身高或智商的分布通常為鐘形，人類平均智商為 100，這代表你可以預期 68％的人口智商介於 85 和 115 之間，95％的人介於 70 和 130 之間。換句話說，隨機選出一人，這個人的智商非常不可能超過 130 或低於 70。

帕累托分布

你或許聽過 80 / 20 法則，此概念認為 80％的業績由 20％的業務員達成，或是 80％的客訴來自 20％的顧客。帕累托法則（Pareto principle）記錄著這樣的廣泛現象，當你看見像這樣的分布情形，你看見的其實是，「相對少數的投入能創造出相對大的產能」。

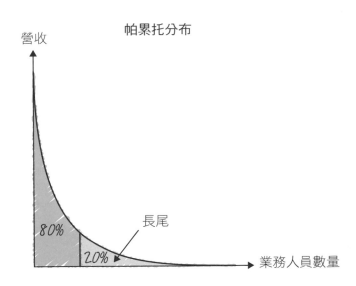

哪裡能見到這種分布情形？或許能在許多網路社群看到（尤其是網路，像是維基百科或 YouTube）。這些社群是由超級使用者驅動，他們是在一個平台上花費許多私人時間和精力的個人。超級使用者是代表與其他使用者明顯不同的離群者，他們在上述的兩個標準差之外（有時離非常遠），但其影響可能不成比例。

舉例而言，2015 年，知名部落格 Priceonomics 報導，維基百科有一群熱衷的離群者。在維基百科的 2,600 萬註冊用戶中，大約 12 萬 5 千人（不到 0.5％）是「積極的」編輯。在這群人中，只有大約 1 萬 2 千人過去六個月編輯超過 50 筆資料[7]。當你思考著一般的顧客時，你也應該問自己：誰是我的超級使用者？他們做出什麼貢獻？我們是否對這些數據上的離群者提供良好服務或感謝他們？我正在思考的改變是否適合他們？

卜瓦松分布

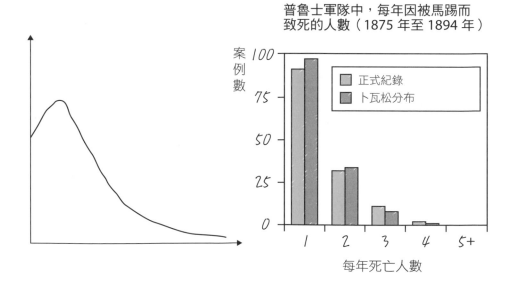

普魯士軍隊中，每年因被馬踢而致死的人數（1875 年至 1894 年）

當你估計每單位時間、地區或數量發生的事件次數，就會使用卜瓦松分布（Poisson distribution）。世界上最早包含卜瓦松分布的資料集，是普魯士士兵遭馬踢意外身亡的列表。其他範例包括一間零售店每小時的來客數、每個月致電客訴某個問題的顧客人數，或是每百萬飛行時數的墜機數量。

均勻分布

均勻（也稱為矩形）分布是最簡單的分布情形。常見的範例為隨機選取鈔票上的序號，或是每次轉動輪盤後出現的號碼。

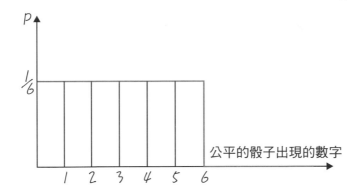

關鍵要點

你用來進行分析的資料將決定結果的有用程度，以及是否有用。要確保你的資料品質優良，好提出假設、理解資訊，記得尋找資料的方法要從能超越平均，且能看見資料的全貌著手（檢視描述性統計資料，對資料潛在的分布形成觀點），這才是對問題的真正見解。

PART **2**

有效篩選

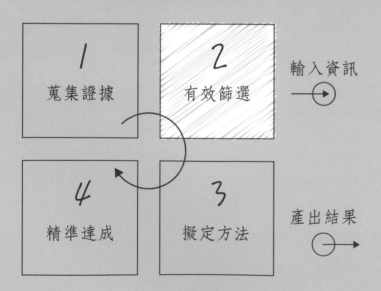

1 蒐集證據	2 有效篩選	輸入資訊 →
4 精準達成	3 擬定方法	產出結果 →

本書第一部分揭露了處理資料時，影響我們的某些失真、注意力分散，以及讓我們產生偏見的情形。我們的大腦在數千年前應對大自然的戰鬥、逃難時，能幫我們快速反應、做出決策；但面對當今世界的工作和職場文化，早已「不合時宜」，因為現在更需要縝密決策，太快反應往往只會導致嚴重出錯。第一部分提供我們主動察覺的工具，現在，你可以更清楚地觀察事實，以不帶偏見的方式獲取資訊，並把注意力轉移到不明顯的地方。在你具備這些心理策略，揭示未知和不確定因素之後，就可以準備下一步。

　　人們喜歡推測事物如何發揮效力，以及它們為什麼會出錯。這是自然的衝動，也是批判性思考的基石。歡迎來到本書第二部分，我們一起「把事情串聯起來」。

　　第二部分，我們一樣會以心理策略來分析已蒐集到的資料。首先，我們會介紹樹狀圖，這是把結構分解為要素的方法，並確認問題的真正根源。

　　其次，我們將分析「隨機性」如何混淆我們思考因果關係。在我們試圖區隔不同的因果聯結時，「運氣問題」可能會妨礙研究，第二部分的心理策略可以幫助你清楚看清事情。

　　最後，我們把技巧與運氣區分開來後（或者從隨機性中區分出真正的因果關係），我們將研究更複雜的因果關係系統。「系統思考」是一種心理策略，可讓你把因果影響（例如口碑和廣告）與結果（例如業績）聯繫起來。系統思考解釋了人口成長或惡性通貨膨脹之間的動態關係，並經證明是發現各種問題解決方案的有用工具，包括氣候變化、醫療保健和個人財富管理。

第 4 章

深入研究

用樹狀圖拆解所有問題

唯一看到全局的人就是走出框架的人。

—— **塞爾曼‧魯西迪**（Salman Rushdie），

《她腳下的土地》（*The Ground Beneath Her Feet*）

　　將資料分解成細節可幫助你組織，辨識有價值的重要訊息，找出問題的根源。樹狀圖（tree diagram）是關鍵的視覺化工具，可以提示你思考組成部分之間的關係，傳達複雜的問題；還能幫你提出更有用的問題，例如：「我觀察到的是極端情況，還是一般情況？」同時提出關於樣本中其他總體的假設。也就是說，樹狀圖可以幫助我們，找出問題當中所隱藏起來的價值。在以下情況下，樹狀圖是對你有用的工具：

⦿ 了解企業成本和收入的驅動因素

⦿ 設計方案的工作計畫

⦿ 辨識出產品或軟體的失效模式

⦿ 提出根源的假設

⦿ 根據症狀診斷疾病

⦿ 了解和影響價值驅動因素（收入、利潤、成本）

⦿ 考慮解決問題的先後順序

⦿ 用邏輯來思考論點，評估必要和充分的條件

⦿ 視覺化多階段結果和產品的變化

⦿ 繪製出機率

用樹狀圖拆解所有問題

假設你已評估過認知技巧，並對所持信念的正當性認真思考了一番，準備好發現潛在的盲點，也考慮到所有扭曲你清晰思考的認知偏見，理解了資料可信的必要條件（例如樣本量和代表性）。現在正是剝去一層層洋蔥外皮，分析資料集的時候了，我們的方法是運用樹狀圖。

樹狀圖（或稱為驅動樹，driver trees）有助於把複雜的問題拆解為單獨的部分；把綜合因素拆解為各個因素；把目標分解為各個組成部分。如果你嘗試對市場或客戶類型進行分類或區隔，樹狀圖也派得上用場。管理者用圖形來整理思緒時，樹狀圖是他們最喜歡的工具。如同樹由多個層次組成，有樹幹、樹枝、嫩枝和樹葉，視覺化的樹狀圖也具有類似的分層功能。

就性質而言，樹狀圖能提示你要全方位思考，因為它能呈現出問題的所有組成。樹狀圖能使你貫注於會影響，或可能影響你所觀察的行為（或結果）因素。例如，假設有一天早上你在屋外踱步，因為汽車突然發不動了。原因可能有很多種，用樹狀圖不會讓你的汽車再次發動，但它可以幫助你找出問題出在哪裡。

樹狀圖是由貝爾實驗室（Bell Labs）的 H・A・華生（H. A. Watson）在 1962 年開發出來，最初被當成**故障樹**（Fault tree，由上往下的演繹式失效分析法，利用布林邏輯組合低階事件，分析系統中不希望出現的狀態）。故障樹把系統內的故障路徑視覺化，讓人們可以更容易查出問題、測試可靠性和評估安全。

讓我們來用故障樹判斷你的汽車無法發動的原因。汽車無法發動的潛在原因是什麼？第一層把問題分為使用者、機械和電路方面的錯誤。在第二層，這些類別再更進一步細分為多個單獨的原因。

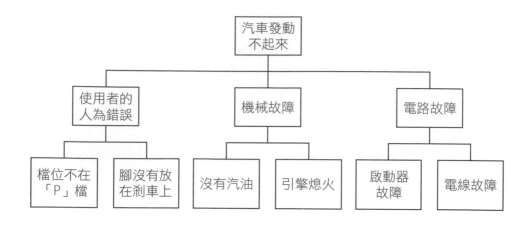

釐清優先事項，再進一步分析

讓我們從金融界的例子開始說起。在典型的商業情況下，你會關心能增加或減少特定數值（例如，收入或成本）的關鍵驅動因素。以下是一個簡單的樹狀圖，它增加了一層達爾航空公司（虛構的公司）的成本列：

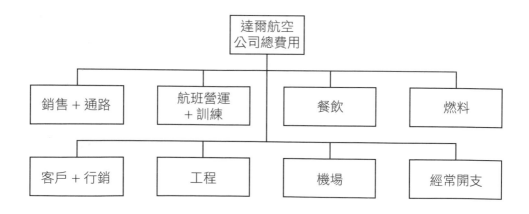

或看看以下這張樹狀圖，這張圖著眼於網站流量和產生的收入。請注意，依據你要回答的問題，可以用更複雜的方式來設計你的樹狀圖。

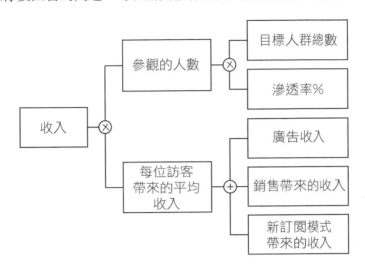

以上的樹狀圖可以幫助你區分重要和不相關的驅動因素，並指出最有可能引起你關心的影響因素（在本例中為收入）。樹狀圖還可以幫助你了解機會所在之處：可能是你只觸及了一小部分的目標群體（以滲透率顯示），也可能是廣告收入很高，但銷售收入卻很少。

整理層級

讓我們從樹狀圖最簡單的用途開始：替專案設計工作計畫，專案的不同層級可以像是這樣：

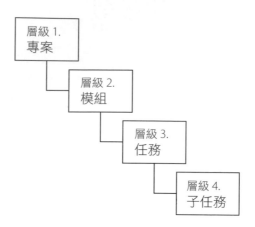

任務要完成，必須做到的是完成所有的子任務；模組要完成，必須所有任務都得完成，依序類推。

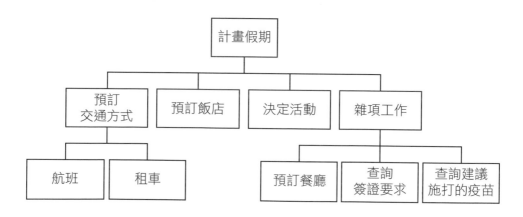

檢核表

如何建立樹狀圖

☑ 確定要畫成垂直或水平的版面

樹狀圖通常是從上到下，或從左到右呈現。除了你面前的紙有空間的限制外，並沒有版面的限制。我們較常使用從上到下的樹狀圖——拆解模組、產品或失效模式。而要拆解定量結構或因果關係時，通常會使用從左到右的樹狀圖。

☑ 草擬出樹狀圖

首先，在圖表的頂部（或左側）寫下主題或問題。問自己哪些因素加起來，就是你原本在頂部所寫的內容，以此來建立第一個子層級。

☑ 驗證樹狀圖是否為「MECE」，沒有重疊，沒有遺漏！

你可能已經聽說過「MECE」這個法則（讀作 Me-See），全稱為 Mutually Exclusive Collectively Exhaustive，亦即「彼此獨立，互無遺漏」。這個框架很有用，可以把更大的問題分解為各個部分。首先，該子層級的要素必須是彼此不同，不應有任何重疊。這迫使你仔細檢查子層級上的每個「方框」，並確認你沒有不小心把要素重複放在多個方框中。其次，合計起來要素的總和應足夠構成更高的層級。舉例來說，使用樹狀圖來顯示專案的五個團隊成員時，不應遺漏任何人。問題或架構應以有限的種類（即子層級的「方框」）來區分類別。

☑ 定義功能的依賴性

通常，任何子群體與頂部之間的功能關係為「和」。例如，如果頂部的方框顯示「北美收入」，則下面的方框應顯示美國、加拿大和墨西哥。它們之間的隱含關係是「和」，但也可以是「或」；例如，「誰殺了伊麗莎白？」可能是「園丁」或「湯瑪士爵士」或「莉莉小姐」（當然，情節也可能是兩名兇手或更多）。

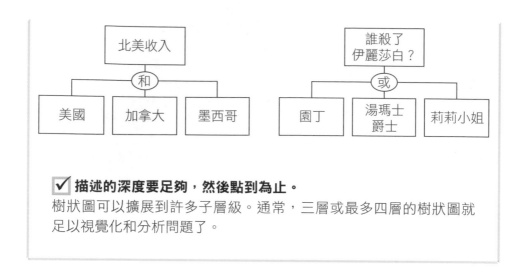

☑ **描述的深度要足夠,然後點到為止。**

樹狀圖可以擴展到許多子層級。通常,三層或最多四層的樹狀圖就足以視覺化和分析問題了。

▌使用樹狀圖進行去平均化

我們一直在運用平均值,例如,西雅圖每年有超過 152 天是晴天;日本目前的預期壽命是 83.8 歲;2017 年,全球 40%以上的人擁有智慧手機。

這些數字是對的,但是通常只有分解這些數字,才能獲得真正的見解。如同我們在前文討論的情形,平均值是傳達結果的好方法,但不一定是真正能理解現象的理想方法。

在醫療保健的領域,去平均化是關鍵。以生產營養補充品的中型公司研究主管喬納森為例,他的產品開發團隊進行了為期六個月的研究,測試全天然降血壓產品的功效。該測試顯示,無法對普通患者產生正面的影響。喬納森的團隊不僅沒有因為試驗不成功,而取消產品,相反,他們還對研究結果去平均化。他們發現,雖然並非所有患者對降血壓的營養補充品都有正面的

反應，但是仍有一部分的患者出現良好的反應。透過按年齡和性別進行去平均化，他發現，40 歲以下的男性受益最大。有了這些知識，產品開發團隊針對如何精準打動這一部分的客戶群，進行一番腦力激盪。如此一來，他們避免了用廣告投放整體的市場，因為這樣做不僅浪費錢，甚至可能導致負面評價，讓服用營養補充品反而沒得到幫助的人批評產品。

檢核表

如何去平均化

☑ **從你已經知道的資料著手：平均值。**
在下面的範例中，平均每戶所得是重點。

2007 年美國平均每戶的所得（單位美元）	88,000

☑ **對於相關，且關注的子群組提出假設。**
你在找什麼樣的人群？假設，這裡特別關注的是按群組，或百分位數排序劃分收入的分布狀況。這個方法常用來視察一個國家不平等的現象，例如，你對收入的十分位數等級在總體中的分布特別感興趣，像是總體中 20%「群組」的收入，而你還特別想知道「收入最高 1%家庭」的收入，因此，你的樹狀圖總共會有六個分支：

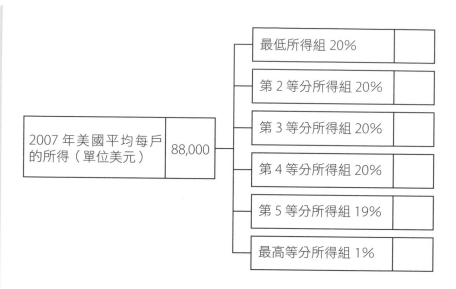

☑ 總計數字。

你需要知道兩個變數：

1. 每組的平均收入
2. 每組的「權重」

根據定義，我們已經知道權重：等於每個分支中的人數（下面方框中的百分比數）。為了判定每個子群組的平均收入，我們需要做一些研究。合適的資料來源有國際組織（例如，經濟合作暨發展組織）、大學或研究機構（例如，預算和政策重點中心）。下圖顯示了按人均收入再細分的平均收入，細分為子群組。

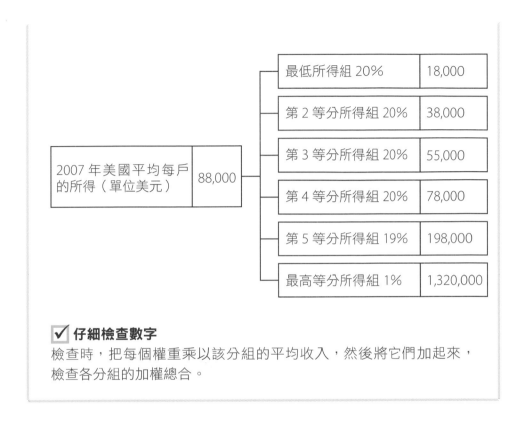

	最低所得組 20%	18,000
	第 2 等分所得組 20%	38,000
	第 3 等分所得組 20%	55,000
2007 年美國平均每戶的所得（單位美元） 88,000	第 4 等分所得組 20%	78,000
	第 5 等分所得組 19%	198,000
	最高等分所得組 1%	1,320,000

☑ **仔細檢查數字**

檢查時，把每個權重乘以該分組的平均收入，然後將它們加起來，檢查各分組的加權總合。

使用樹狀圖和流程圖確定問題根源

樹狀圖是一種視覺化的工具，可以把觀察到的現象分解為細部進行解釋，樹狀圖也適用於辨識問題的根源。根源是問題存在的終極原因，需要把它們與症狀區別出來，因為後者僅僅是問題的信號或跡象，減緩症狀並不會對根源有所影響，如果不直接處理根源，未來還是會出現類似症狀。讓我們看醫療範例：症狀可能是喉嚨痛、咳嗽或流鼻水，而實際的根源可能是感染。治療症狀在短期內可以讓患者覺得情況有改善：感冒成藥或阿

司匹林通常會減輕不適，但它們無助於解決問題的根源，或在這種情況下「治療」疾病。

　　現在來談根源分析（root cause analysis），也稱「五個為什麼分析法」或根因圖。根源分析結合了視覺思維和反覆詢問「為什麼」的結構化方法。以下是一個簡單的線性範例，分析導致學生成績不佳的根源：

檢核表

尋找根原

✔ 明確定義問題

更多相關資訊，請參閱第零章。首先在最左邊的方框中寫下爭議或問題，剩下的空白框則分別成為分析的基礎。

✅ 寫下原因

然後繼續寫下造成前面每個效應的原因，在往右填寫方框時，不斷問「為什麼會這樣」。

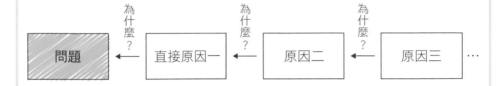

用箭頭連接每個方框，箭頭有兩種不同的意思：
1. 從左至右，箭頭提示問題「**為什麼**會發生這種影響？」
2. 從右到左，你可以把箭頭替換為「**是由……引起的。**」

✅ 觀察原因

繼續進行分析時，你會發現，很多時候因果關係的交織沒有如上面的範例那麼線性。相反的，可能由於以下兩種方式，多種原因產生了效應：

- 需要這兩個原因來產生效應（「**和**」）
- 兩個原因要出現其一，才能產生效應（「**或**」）

以下是個簡單的範例。若要生火，你需要燃料（火種、木材、汽油等）和最初的火花（或火）。但是要滅火，你可以拿掉燃料或氧氣。

使用例如「或」和「和」之類的邏輯運算因子，這與必要條件與充分條件的概念密切相關。

- ⊙ **必要條件**：燃料（火種）和每個火源（火花）成為生火的必要因素。只有這兩種東西出現在一起時，才有充分的條件。
- ⊙ **充分條件**：為了要滅火，每個顯示的原因本身就是充分的。你可以撤掉燃料或氧氣，但是你不必同時兩者都具備才能滅火。

辨識並努力解決根源，而不是著眼於症狀或第一級反應，這樣可以使你更有效、更持續地解決問題。

▎進一步的例子：優化你的徵才管道

　　愛麗莎經營一家新成立還在成長的新創公司，她的首要任務是招募專業和積極的人才，擴大團隊的規模。假設她需要在下個月僱用 20 名開發人員，她已經運用了多種方式來宣傳這些空缺的職位。在線上的工作討論區、LinkedIn 等社交網路上，以及到開發人員經常會去的地方，例如校園的餐廳，在布告欄上張貼職缺訊息。這些方法她都用了，她收到了許多不同條件的應徵申請書。愛麗莎使用樹狀圖，把一連串的應徵申請書「去平均化」，並按管道對申請書進行細分。為此，她讓每位最終被邀請參加面試的申請人都填寫一份簡短的調查表。這樣一來，她就可以辨識出申請者得知訊息的管道，篩選從這些管道而來的求職者。

關鍵要點

　　問題和資料通常複雜且混亂，樹狀圖提供了有用的方法，讓你的思維更有條理。樹狀圖可以幫助你把趨勢或動態分解為驅動因素，對彙整的數字去平均化，找出問題的根源，幫你的演講報告、專案或排班休假表加以組織整理。樹狀圖要求你考慮「彼此獨立，互無遺漏」，並允許你以更深入、更清晰的方式來理解問題和資料。

第 5 章

加以調整
終將回歸平均值

這個世界一直在變，而我們的人生是由看世界的想法所創造的。
—— 羅馬皇帝　**馬可・奧理略**（Marcus Aurelius），
《沉思錄》（*Meditations*）, *IV, 3*

　　了解回歸平均值能提醒我們，最後結果來自技巧或運氣。[1]也能讓我們明白，技巧和運氣在特定結果中發揮的作用。這點很重要，原因有很多：

❶ 有助於評估你的結果

　　當結果涉及技巧時，小的樣本量就足以判斷導致結果的人或過程的優劣（例如，下棋就很難光靠運氣）。但是，如果情況涉及到運氣的成分更大，那麼就得考慮更大的群體。

❷ 讓你預測結果

　　一旦知道特定結果中技巧與運氣的相對影響，更容易預測後續的結果。

❸ 幫助你校準得到的回饋

　　大多數人同意，稱讚（或指責）一個人的成功全靠運氣，這是不合理的。對於那些飽受失敗的人來說，你可以指出他們所缺乏的技巧給予更多的幫助，如果這些技巧可以加強，就可以幫助他們未來更成功。

　　每當你懷疑隨機性正在發生作用時，請停下來好好思考，或許能影響當

前的決策。

終將回歸平均值

在棒球運動中，大家都聽過「二年級生症候群」（the sophomore jinx）的說法。新秀賽季表現出色（例如，命中率 0.320）的球員，在第二年可能沒有相同表現，或會變差。這就是回歸平均值在作祟。

在棒球比賽中，每個聯盟中最好的新秀球員都會獲得「年度最佳新秀獎」，但是獲勝者在下一個賽季的表現往往會比第一年差，在第二年時，沒有達到他們第一年的水準。這看似詛咒的影響並不限於職業運動員，高一和大一成績最好的學生，在第二年的學習成績往往也會比較差些。第一張專輯大受好評的歌手和樂團往往第二張專輯的銷售量會下降，這種情況通常就是所謂的「二年級生症候群」。

這當中到底發生了什麼事呢？其實罪魁禍首就是「回歸平均值」，這是統計上的原理，表明異常的表現會隨著時間漸漸下降（回歸）到平均值。

當談到人的表現時，就會出現回歸平均值，是因為成功總是源於技巧和運氣的結合。首次登台就爆紅的年度最佳新秀、明星大一生和新人演藝人員總因其卓越的表現，而被視為成功的典範。

由於大多數人認為表現是基於技巧，很少有人把運氣考慮在這些早期成功（成功和以後的經歷）裡。當表現不可避免地漸漸下降到平均值時，人們會感到驚訝，甚至覺得幻想破滅。他們不了解維持成功，或成功需要哪些條件。簡而言之，人們過分重視極端情況。

耐人尋味的發現

1822 年 2 月 16 日，著名的統計學家法蘭西斯・高爾頓（Francis Galton）出生。他是達爾文的表弟，來自非常有才華的家族。儘管他從未像達爾文那樣獲得同等程度的聲望，不過，高爾頓仍然有一流的成就貢獻，直到今天，他對統計的影響仍然存在（他創造了「相關性」、「四分位數」和「百分位數」等詞）。

高爾頓對人口的研究尤其著迷，特別致力於遺傳概念的研究，即父母如何把自己的特徵傳給下一代。高爾頓歸納出回歸（regression）的概念，意思與今日常見的「蕭條」（regression）之意完全不同。他指的是「回歸平均值」，而不是典型的向下退步。

透過調查父母和子女身高之間的關係，高爾頓在 Y 軸上繪製了 928 名成年子女的身高，X 軸則是父母的平均身高。[2] 結果如下圖：

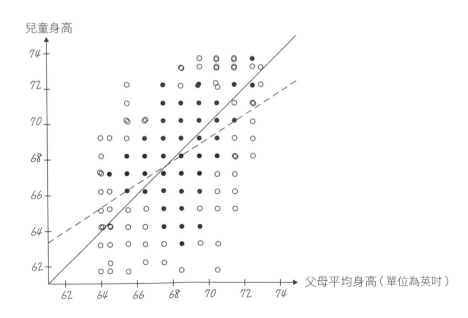

高爾頓檢查這張圖時，他預期看到後代的身高與父母相似。換句話說，他預期大部分的點會落在 45 度線上或附近，表示父母和子女的身高相似。但是相反的，他發現身高異常高的父母，後代往往比他們矮；而比較矮的父母，他們的後代有很多人是更高的。

他蒐集到的資料並沒有沿著上圖中的 45 度線（圖中的黑實線）分布，實際結果是沒有那麼陡峭的虛線。這顯示父母異常高大的孩子，通常會比父母矮，而父母異常矮小的孩子，通常會比父母高。高爾頓觀察到：「從這些實驗可以看出，子女的身高往往不像父母，但是總是比父母更接近平均值，如果父母很高，子女則會比父母矮；如果父母很矮，子女則會比父母高。」[3]

這似乎違反直覺，卻是回歸平均值的經典案例，**與遺傳學無關，而與統計有關**。高爾頓曾預期看到後代的身高與父母相似，相反，他發現在父母特別高大的情況下，後代往往比父母矮；在父母比一般還矮的情況下，許多他們的後代會更高。高個子母親的身高是由遺傳因素造成的，部分是由於隨機因素（和環境影響）導致她在童年時期長得比平均身高還高。她身高的遺傳基因部分會傳給孩子，但隨機因素或環境因素則不會傳給孩子，這使孩子矮一些的可能性更大。

一切都是隨機

在你最喜歡的書店中挑選任何企管書籍，當中許多書（當然不是全部）會努力使你相信某些新管理工具的優點。通常，作者會選擇一些現實生活中的公司範例，這些公司似乎歷經時間的考驗，表現優於競爭對手，以此做為「證據」證明他們的點子是有效的。

雖然成功因素有一定的程度可以用科學來解釋，但是研究通常會被回歸

平均值矇蔽。以管理學家為例，他們根據企業過去的表現來挑選公司，並聲稱已辨識出好公司過去的成功因素。吉姆·柯林斯（Jim Collins）在暢銷書《從 A 到 A+》（Good to Great）中[4]，介紹了 11 家在一段時間內表現優異的公司。柯林斯指出了 5 個差異因素或成功因素，他認為這是造成績效不同的原因。從分析贏家當中，我們可以學到什麼？我們的常識會說：「可以學到很多。」但是，可別被隨機情況騙了。

麻省理工學院史隆管理學院教授麥克·庫蘇馬諾（Michael Cusumano）用了一個簡單的練習來幫助學生，藉此解釋技巧和運氣的重要性是否能驅動成功。在他的進階策略管理課上課第一天，他通常要求學生站起來。然後，他扔硬幣，並要求學生選擇正面，還是反面。

他扔出硬幣，給大家看擲出來的那一面，然後讓「輸家」坐下。經過幾輪之後，通常只剩下一兩個學生還站著。然後，他要求這些「贏家」走到全班面前，解釋他們的「成功因素」。但是每個人都知道，留到最後的學生不過是運氣好罷了。

雷諾（Raynor）、阿曼德（Ahmed）和韓德森（Henderson）三位管理學家組成了一個團隊，從《從 A 到 A+》、《追求卓越》（In Search of Excellence）或《4+2：企業的成功方程式》（What Really Works）等熱門管理書籍中，研究了那些被標示為「一流的」公司。透過檢視股東總回報衡量公司績效指標[5]，幾位學者證實了運氣是公司成功的重要原因，但往往會被忽略。[6] 樣本（成功經驗超過平均水準的年數）數量越小，相對於技術，運氣發揮的作用越大，也越難確定成功是否採取了「最佳的做法」。

因此不令人訝異的是，自 2001 年以來，許多吉姆·柯林斯青睞的公司紛紛傳出失利。他首選的優秀公司房利美（Fannie Mae），這家大型抵押貸

款公司，在金融危機後已被美國政府接管；另一家公司是消費電子零售公司電路城（Circuit City），如今已破產。

檢核表

回歸平均值

☑ 成功有多大程度可能出於偶然？

想想看導致結果的過程。結果的哪一部分可能純粹是隨機的情況？在一端為技術，一端為運氣的連續體上進行比較，你會怎麼看選股、棒球、選擇表現最好的員工？活動在連續體的位置會顯示你需要預期的均值回歸程度。

☑ 你可以故意輸掉嗎？

麥可‧莫布新（Michael Mauboussin）在《成功與運氣》（*The Success Equation*）中推薦一個訣竅，你可以問：「在這個遊戲中，我可以故意輸掉嗎？」[7] 甚至更好的方式是：「在多大的比例上，我可以故意輸掉嗎？」玩撲克牌時，你可以故意輸掉。但在賭輪盤時，想要故意輸掉是不可能的。如果你發現有哪種情況是可以故意輸掉的，恭喜你，這種情況的結果就不完全歸於運氣。你越確定你有能力可以故意輸掉，技術發揮的作用就越大。

☑ 你有過去的資料嗎？

你是否可以獲取更多資料點（例如，回顧過去）？觀察過程和結果的時間越長，你越有自信能看出哪個觀測值算是離群值。扎實的過往資料會幫你設定一個「基準」，如此可以更容易發現離群值。

▌進一步的例子：責罵和讚美

　　假設你正在訓練優秀的女兒練體操，為了參加下一屆泛美錦標賽，她需
要練習跳馬項目。在做出一個漂亮的前手翻接團身前空翻之後，你讚美她，
因為在你的假想中，讚美會激勵她下次做得更好。但是令人驚訝的是，在跳
得很好之後，她通常會表現得更糟。

　　反之亦然：如果你在表現不佳之後罵她，那麼她很有可能在下一回表現
更好。你會很容易得出這樣的結論，你的稱讚和責罵導致了某種類型的可觀
察表現。但是，你女兒的體操表現差異可以單純歸因於回歸平均值。

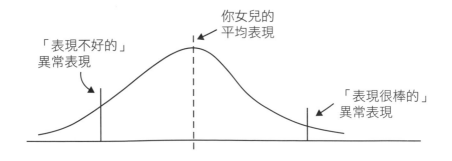

▍進一步的例子：交通安全

假設你是大型城市的交通部長。過去兩年中，市區有個十字路口發生了特別多起交通事故，其中有些事故甚至造成人員喪命。你召集顧問討論減少事故次數和使交叉路口更安全的方案。有一位顧問說服你，在通往交叉路口的兩條道路上安裝測速照相機。果然，接下來的幾個月中，事故率下降了。那麼安裝測速照相機是個好主意嗎？想當然會這麼覺得，畢竟，在安裝照相機之後，事故次數下降了。但是，在發生異常高次數的事故之後安裝測速照相機，一般會預期之後會再次回到事故頻繁的情況。即使測速照相機確實產生了影響，但也可能言過其實，誇大了影響力。

下面圖表說明了這個情況。因為注意到事故發生機率高的某個路口，你更有可能選擇離群值的案例。假設這個路口長期來的平均事故約為 5、6 起，但在 2013 年發生了 9 起事故，是歷史新高：

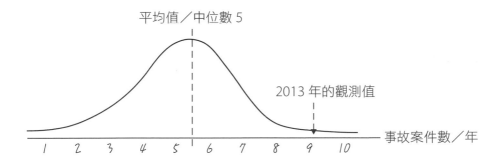

由於這屬於異常，來年的事故數量自然會減少。不過要注意的是，並不能確定事故就會下降。只是明年事故會減少至 4、5 起或至 6 起，這種可能性非常大。

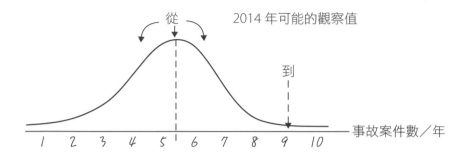

身為交通部長，你如何了解安裝測速照相機對交通事故的真正影響？有兩種方法可行。如果你有同一地點過去的足夠資料，則可以建立「基準」，並驗證每年發生的 9 次事故，實際上算是正常，還是例外。或是，你可以把交叉路口與「控制」情況進行比較，即另一個沒有額外設置測速照相機的高事故地點。這裡的關鍵是，選擇合適的案例進行比較，建立真正的「反事實」。

關鍵要點

我們的大腦會自動尋找資料並建立模式，但是我們經常把實際上是隨機的情況硬看成模式。建立成效可靠的規則很不容易，特別是如果你只有一些觀測值做依據，如果情況也會受到運氣影響，這樣要建立規則更不容易。為了克服回歸平均值的問題，請考慮你觀察到的「成功案例」有多大成分可能是由於「機運」造成的，你要磨練反事實的推理能力（可能發生，但沒有發生的事情），並嘗試找出更多過去的資料點。

第 6 章

整體概況
練習系統思考

永遠記住這一點，你所知道的一切，以及大家所知道的一切，
都只不過是一個模型。把模型放到可以檢視的地方，
邀請其他人挑戰你的假設，並在模型中加入他們自己的假設。
——系統思想家　**唐內拉·梅多斯**（Donella H. Meadows）

系統思考整體概況可幫助你發現、分析和形塑系統，適用於任何地方，在以下四個方面更實用：

⊙ 使你了解問題的因果關係，尤其是看似棘手、難以克服的問題。
⊙ 使你辨識出回饋迴路的類型，是成長、平衡，或是破壞。
⊙ 幫助你找到影響系統最有效的槓桿點。
⊙ 這是一種視覺化語言，有助於思考和交流。

有一些範例可說明系統思考的好處，它可以幫助規劃物流鏈，並為供應商的總體行為建構模型。政府可利用它為高速公路設計新的交通規則，或因應社會政策變化。或者，它可以支持企業家進入雙邊市場，對一邊市場的吸引力會隨著另一邊市場的客戶數量增加而上升。

系統思考有助於了解系統裡的情況，闡明系統多個要素之間的因果關係，允許我們用筆和紙畫出系統內部的運作，或者使用模型建構軟體，模擬系統當中的運作行為。系統思考是理解根深柢固的模式和動態關係的關鍵，還可用來模擬趨勢出現、產品普及和疾病傳播的途徑。

系統思考不僅是一種「診斷工具」，它還揭露了系統中的干預的行為。使用這種思考策略既可以設計新系統，也可偵測出故障系統，並學習糾正的方法。

練習系統思考

政黨、公司、非營利組織、工作團體和整個社會都是一種「系統」，即代理人的關係網路，透過彼此之間的關係相互連接。系統就是一套網路，不光是由部分集合而成的。

如同生物系統一樣，要預測人類系統的運作方式其實很難。這是因為系統包含多個相互依靠的要素，要素之間相互連接，並以複雜的方式互動，從而漸漸產生自己的行為模式。若有人試圖解決有問題的系統行為，或許另有重要意義。舉例來說：

- 美國操縱利率的舉動本身並不會增加就業、穩定價格，也不會促進長期經濟成長。相反的，它與經濟系統相互作用。除了聯準會的利率外，經濟體系還包括許多其他要素，例如消費模式、政策變化、國際貿易、環境影響和科技變革的速度。

- 油價上漲的責任並不完全歸咎於石油出口國，光憑他們調升油價還不足以引發全球油價飆升。全球石油價格還取決於石油進口國的政策和消費行為。[1]

- 毒品成癮不僅源於個別成癮者的失敗或錯誤的決定，原因還包括龐大社會體系中的力量，例如，是否容易取得毒品，或對毒品需求的條件增加，包括貧窮和濫用藥物。

▋回饋迴路

系統的許多特殊行為是由所謂的回饋迴路（Feedback loop）驅動的。透過回饋迴路，我們可以了解為什麼某些過程似乎很快失去控制，而另一些過程卻穩定平衡。在接下來的內容中，我們將深入研究回饋迴路的本質，並介紹一種有效描繪和解決回饋迴路的方法，也就是「因果循環圖」（causal loop diagram）。透過系統思考的方式來理解各個要素之間的關係，我們可以辨識出更好的干預措施，解決有問題的系統行為。

▋增強迴路

回饋迴路是系統思考最重要的部分，它們是因果關係鏈，前一個結果代表下一個事件的起因。因此，它們有封閉循環與開放循環的不同，後者的最後一個效果不會回饋到系統中。常見的迴路，有「增強迴路」及「調節迴路」。首先介紹第一種：增強迴路（Reinforcing loops）。

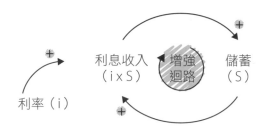

增強迴路解釋了複利的效應：銀行帳戶中的儲蓄越多，賺取的利息就越多，從而又增加了儲蓄，也因此賺取了更多的利息。指數成長的結果通常是驚人的：假設利率為 5％，則 100 美元將在 100 年內增長到 13,150 美元（「R」表示回饋迴路為增強的類型，其方向為順時針）。

增強迴路也可能導致相反的行為：快速下降。以主管為例，主管對員工的績效所做的反應，這時回饋迴路可能同時正面強化和反面強化。表揚和稱讚可能會導致動機增強和績效提高，這又會導致主管的正面反應（依此類推）。但是也會發生相反的情況：責罵和懲戒可能會對員工澆冷水，從而使績效退步。

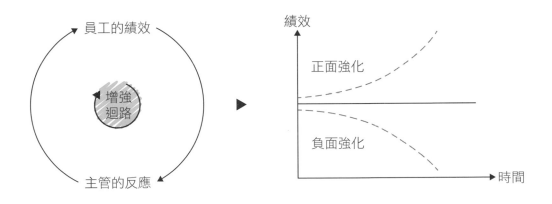

　　回饋迴路還可以解釋「自我應驗預言」的概念，意即使自己的預言成真的預言。以上面的情況為例，但是這次有兩名僱員甲和乙，[2] 兩人在一個月內都有相同的晉升機會，而他們在資歷、能力和過去的業績也差不多。你是經理，只能讓其中一人升職。因此，你打算用接下來一個月，在兩人之間做出決定。甲的家中發生突發事件，第一週必須在家中工作，這是不得已的情況，所以你在第一週會與乙頻繁互動，因而不知不覺給了乙比甲更多的「資源」（注意力、回應、提示等）。以你繁忙的時程，即使一週後甲回公司上

班了，你仍會下意識繼續給乙更多資源：畢竟，乙在你分配給他的任務上做得很棒，你根本不覺得需要把精力投注在甲身上。

在一個月的測試階段之後，你提拔了乙，因為顯然他做得更好。但是這樣的競爭公平嗎？乙是合適的升職人選嗎？從系統圖來看，很明顯結果容易受到初始情況的影響。在此範例中，主管的青睞迅速「搖擺」至乙。乙享受更多資源，因此，工作表現得更好，超越了甲，然後就開始了這樣的循環：

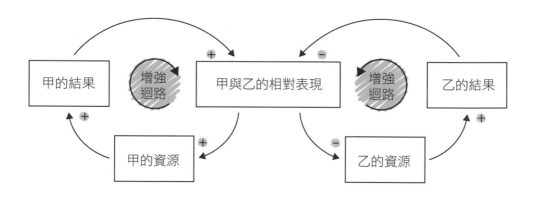

▍調節迴路

第二種迴路稱為「調節迴路」（Balancing loops）。顧名思義，這些迴路使系統進入「想要的」目標狀態，並保持該狀態不變。溫度調節器是調節（或尋求目標）回饋迴路的完美範例。

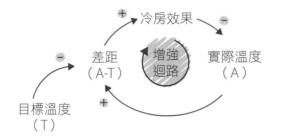

空調的作用是透過比較目標溫度與實際溫度，並在出現差距的情況下，進行冷房效果。假設你先把目標溫度（T）設為22度，實際溫度（A）為30度，導致差距 A－T 為 8 度，這會啟動冷房機制，因而降低溫度，縮小差距。

▌實例：工作場所安全 [3]

約翰從未想過這種事會發生在他身上。他在一家大型工業建築公司工作了 20 多年，巡行檢查是他身為建築主管的例行工作。當他正忙於檢查新澤西州新工廠的工地時，他被地上一根鬆開來的鋼管絆倒了。約翰失去重心，跌入施工的坑洞裡。

幸運的是，他被救出來時只有一些擦傷。但這是當年第 3 起事故，約翰的意外使執行委員會感到震驚，於是委託現場營運主管瑪麗蓮提出解決方案，力求有系統地消除與工作有關的傷害。

瑪麗蓮的第一步是彙整一年間所有建築工地與工作有關的事故統計資料。然後她整理數字，尋找重複模式。她挑出在強制執行必備安全措施方面做得較馬虎的經理，但她遇到困難了。她該如何找到導致工傷的最重要因素，更重要的是，她如何消除這些因素？

有一位朋友建議她用「系統思考」，這是她讀完研究所後還依稀記得的一種方法。她很好奇，系統思考如何以更完整和有效的方式，來理解和改變導致事故的因素。

瑪麗蓮繼續進行，並使用因果循環圖（見次頁圖）制定了自己的策略，

她分析影響工作場所安全的許多因素，並設計減少事故和傷害可能性的干預措施。透過與現場經理會談和檢查工作現場，她和團隊發現，儘管每次事故後都要求經理填寫報告，但報告總是缺乏辨識導致該特定事故的相關資料。報告提供的線索很少，無法判定每種類型事故的預防方法。

瑪麗蓮知道，必須有更好的方法預防事故發生。她檢查了因果關係，發現有 3 個增強迴路在發揮作用。然後，她積極尋找能讓她干預和塑造系統的切入點。

經過分析，瑪麗蓮獎勵員工們積極尋找、消除和回報在日常工作中遇到的危險。她還想到處罰方式，當然不可能用扣薪水做為處罰。因此，瑪麗蓮採取了相反的做法，她成立了「工程現場安全基金」，這些基金之後會轉為年終獎金發給員工。每種類型的安全事故（從實際事故到安全風險，例如把工具或材料留在地上）都被指定為「花費」，要從基金中扣除。因此，工人不僅會有誘因要遵守規則，而且還會敦促旁人遵守規則。

瑪麗蓮還發現，許多員工沒有認真看待安全訓練。她讓員工在上完最初的安全訓練之後，要接受嚴格的考試，並請資深管理人員傳達新的安全價值觀。

瑪麗蓮和她的團隊採用了「系統思考中的心理策略」，成功減少了工作場所的意外事故。

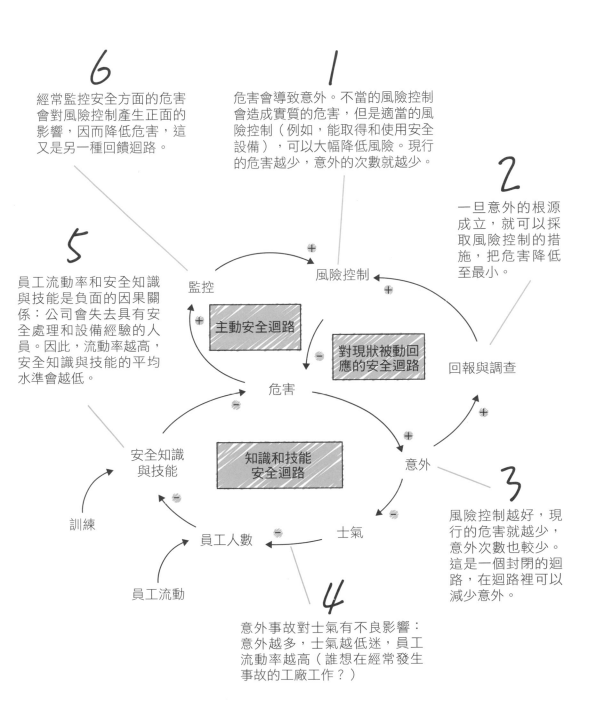

6 經常監控安全方面的危害會對風險控制產生正面的影響,因而降低危害,這又是另一種回饋迴路。

1 危害會導致意外。不當的風險控制會造成實質的危害,但是適當的風險控制(例如,能取得和使用安全設備),可以大幅降低風險。現行的危害越少,意外的次數就越少。

2 一旦意外的根源成立,就可以採取風險控制的措施,把危害降低至最小。

5 員工流動率和安全知識與技能是負面的因果關係:公司會失去具有安全處理和設備經驗的人員。因此,流動率越高,安全知識與技能的平均水準會越低。

監控

風險控制 +

+

主動安全迴路

對現狀被動回應的安全迴路

回報與調查 +

危害

+

安全知識與技能

知識和技能安全迴路

意外

3 風險控制越好,現行的危害就越少,意外次數也較少。這是一個封閉的迴路,在迴路裡可以減少意外。

訓練

員工人數

士氣

員工流動

4 意外事故對士氣有不良影響:意外越多,士氣越低迷,員工流動率越高(誰想在經常發生事故的工廠工作?)

▌進一步的例子：兩種錄放系統的戰爭

在這場錄影帶格式的戰爭中，不同的盒式磁帶錄放影機在 1970 年代末期和 1980 年代激烈爭奪市場的主導地位，主要競爭者是 VHS 和 Betamax，這是兩套不相容的系統。最終，VHS 勝出，成為市面上消費者使用的標準配備。VHS 的優勢之一是錄放影機的價格低廉，受到大家歡迎，並產生網路效應[4]。後來，人們用錄放影機來錄製電視節目，並相互交換錄影帶。在你的社群體裡其中一種類型的錄放影機越多，你跟著購買相同類型錄放影機的誘因就越大[4]。VHS 設法從多數的網路效應當中獲利。下圖是這兩種系統的西格瑪曲線（sigmoid curve，也稱為「S 形曲線」）。

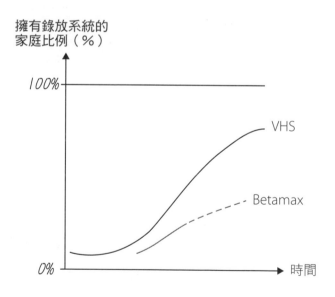

個人生產力

生產力是根據你在一小時、一天或一週內完成多少工作衡量，單純是以產出除以投入來計算。在工作組織系統裡的特定力量會影響你的生產力，假設老闆為一個專案定下緊迫的期限：要在三天內完成，而你以為會有五天。為了在嚴格的期限前完成，結果接下來的幾天你都在熬夜趕工。加班可以讓你在期限之前完成專案（調節迴路），因此完成工作所需的天數減少（用三天而不是五天），也提高了生產力。但加班也導致疲勞，可能導致你犯下需要修改的錯誤，意味著之後可能要花費更多的加班時間（增強迴路）。

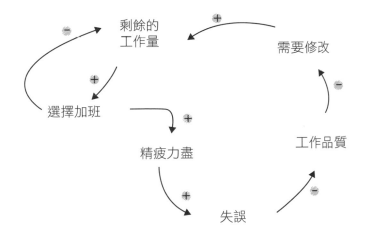

使用系統方法解決問題

讓我們用以下範例來解釋典型的因果循環圖。以企業家莎莉塔為例，她開發了一項令人興奮的新產品，是一種電動的滑板。莎莉塔試圖想出她可以用什麼方法來推動產品的銷售。

1

你想解釋什麼事？
拿一張空白的紙開始畫。你想解釋什麼現象？在這個案例中，莎莉塔試圖了解促成產品銷售的意見領袖。首先在表格的中心寫下目標的指標，在這個案例是：「客戶的數量」。

2

導入變數
解釋銷售額有哪些重要變數？現階段只需集思廣益，想出可能會發揮作用的各種因素，例如知名度、產品品質，價格等等，把這些因素記下來。因果關係越直接，該因素就越接近圖的中心。

3

建立因果關係
你在第二步中所辨識出的變數，彼此之間如何相互影響？例如，對於產品的吸引力而言，品質會發揮作用，價格也是。建立你可以想到的所有因果關係，並使用箭頭視覺化彼此的關係。

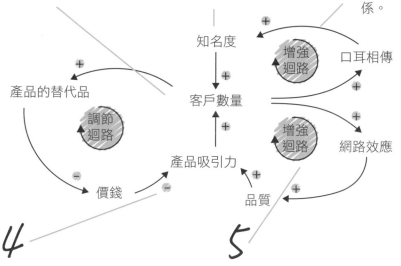

4

設定極性
現在是修飾依賴關係的時候。如果「A越大，B就越大」，則該關係為正向；如果「A越大，B就越小」，則該關係為反向。更好的品質（耐用度、電池續航力等）可以提高產品的吸引力，但更高的價格卻會降低吸引力。透過在箭頭上附加一個符號來表示極性（＋／－）。

5

判定迴路類型
迴路既可以是增強型，也可以調節型（尋求目標）。若要判定迴路，請從一個變數開始，然後按照箭頭的方向進行操作。如果算到的反向箭頭數量為奇數，則遇到調節迴路（代號「B」）；如果是偶數，則是增強迴路（代號「R」）。在我們的範例中，如果競爭對手有更好的產品，例如推出續航里程更長的電動滑板，就會吸引更多的使用者。

6

提出見解
透過分析模型中回饋迴路的相互作用提出見解。有沒有什麼簡單的方法讓莎莉塔可以刺激口碑宣傳（正面的回饋迴路），例如送給社交媒體網紅免費的滑板，徵求推薦，宣傳口碑。

關鍵要點

系統是由相互依存的行為者或由項目組成的群體，結合成一個完整的整體。[5] 環境、社會團體和公司都是「系統」的例子。繪製系統圖時，通常會先確定因果鏈，例如「A 導致 B 導致 C」。每當 C 對 A 產生（直接或間接）影響時，我們稱它們為回饋迴路。回饋迴路會導致突然出現的行為，例如指數成長（增強迴路）或聚合（調節迴路）。根據你的目標，可以嘗試創造、改變或停止因果循環。系統思考能幫助你分析迴路，並找到最有效的干預點。

PART **3**

擬定方法

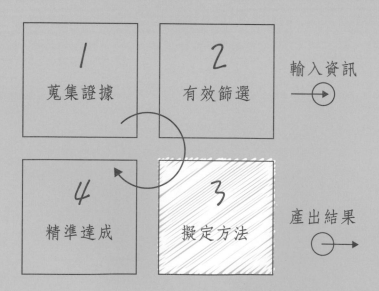

1 蒐集證據	*2* 有效篩選
4 精準達成	*3* 擬定方法

輸入資訊
→

產出結果
→

假設你有 10 萬美元，怎樣運用這筆錢是最好的方式，是該花兩年時間做些初階的工作，還是去念研究所？你的公司該投資購買新設備，還是蓋新工廠？你如何做出正確的決定？在現實世界中，你如何驗證可能的解決方案？

本書前兩部分，我們幫助你蒐集正確且相關的資料，以及理解因果關係。我們現在正處於從輸入資訊（蒐集證據，串起線索）到產出結果的關鍵時刻，第三部要告訴你制定決策和嘗試執行的要點。

我們將從第七章開始，介紹理性決策時需要的心理策略：邊際思考。在第八章，我們將介紹評分方法，這是做出理性決策的框架。在第九章，我們將透過實驗，檢視在大規模實施解決方案之前，可以先在生活中測試的一些靈活方法，我們的目標是幫助你利用本書前兩部分收集和分析的資料，更進一步採取行動。

邊際思考

注意下一個單位的效用

價值判斷僅指具體選擇行為所關切的供應量。

——經濟學家　**路德維希・馮・米塞斯**（Ludwig von Mises）

　　邊際思考（marginal thinking）是制定理性決策的基本策略，你只需要考慮與你情況相關的變數（而不是過去設定的變數，因此沒有不可更改的問題）。本質上，**邊際思考是經濟思考**，因為經濟學總是假設決策是透過權衡額外好處扣除額外成本。我們經常陷入全有或全無的陷阱，因為我們會考量決策情況的所有收益和所有成本，這不僅使決策變得非常複雜（且「計算繁重」），還會導致決策出錯。

▌何時不要使用邊際思考

　　在某些情況下，以邊際思考制定決策不是明智之舉。以讓顧客可自由退貨聞名的時裝零售商諾德斯特龍百貨公司（Nordstrom）為例，該公司的客戶保證承諾包括即使沒有收據（通常是發生在購買數年之後），產品退貨也會全額退款。從邊際的角度來說，諾德斯特龍百貨公司不應該接受這些退貨：穿過的舊衣服可能無法再賣出，支付退款的邊際成本會導致邊際淨損失。但是考慮到自由退貨的聲譽效益，這樣的策略會讓諾德斯特龍的整體利潤增加，顧客滿意度也會提高。

▌注意下一個單位的效用

　　若能選擇，你會要一杯水，還是一條黃金。你會想，「還用問嗎？當然

選黃金，不會要一杯水。」你直覺依據邊際做決定。對你來說，很可能是因為黃金的市值遠高於水。但是，如果你在沒有任何飲用水的情況下，要穿越撒哈拉沙漠旅行時，當你被問到這個問題該怎麼辦？在這種情況下，黃金對你沒有任何價值，你只會渴望有水。

邊際思考是什麼？在這裡，邊際意味著額外的增量。這如果你思考邊際效用，正是思考下一個或新增的單位對你有何意義。對計程車司機來說，在漫長的一天結束時，多賺一個小時的工資，其成本要比開始上工時高得多，他已經累了一天，腰酸背痛，這使得他一天結束時的邊際小時駕駛，變得更加辛苦。

事實證明，至少對新古典經濟學家而言，產品設定的價格等於其邊際效用。邊際效用是人們從消費下一個單元產品中所獲得的滿足感、愉悅感或效益。因此，這無關水本身很豐富，而是一般人喝一單位水的愉悅感，低於一單位的黃金。原因是，多數人都有充足的水分，而且在大多數地方，水的供應都是充足的。我們可以仰賴明天供水系統會像今天一樣運作，我們相信，超市將繼續庫存價格實惠的瓶裝水。

你可能會想：我已經憑直覺做出「用邊際法則做出決策」了，本章的意義何在？本章可以帶來什麼額外的價值？好吧，事實證明，我們大多數人其實都不擅長邊際思考。我們經常執著於過去的情況，不是對自己講一個前後說得通的理由，就是因為過去似乎與未來的決定密切相關。

▌邊際思考的基石——邊際單位

思考邊際效用的人不會考慮每一個決策中的總金額或平均金額，而是只在意多增加一單位的成本，例如多開一小時的車程、多買一塊披薩，或是多

投資一塊錢。邊際單位引人入勝的特徵之一如經濟學家所言：無論需要投入什麼因素，邊際單位通常都是遞減的。

這意味著什麼？以吃披薩為例，吃第一片會覺得美味；吃第二片、第三片和第四片時，或許也是如此。但很快就吃飽了，下一片（邊際）披薩不會像第一片那樣好吃（令人滿足）。在下圖中，Y軸為滿意程度（或者，按照經濟學家的說法是「效用」），會隨著每多一片披薩下降，最終甚至會變為負值。

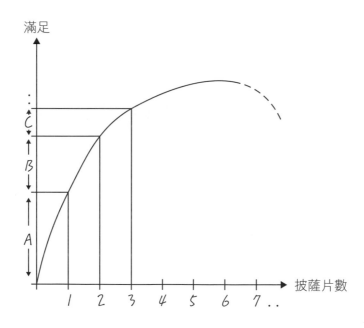

或者考慮一家勘探石油的能源公司。最早一批油田很容易開發，因為已經知道它們的位置，且油藏很大，易於開採（為簡化起見，假設所有的油田都有同等大小的油藏）。在利潤最大化為目標的情況下，下一個（邊際）油

田計畫會稍難進行，以此類推。到最後，剩下的唯一油田是最難開採的。

　　以下是四個油田的預期開採成本和收入。執行委員會將代表股東行事，首先從那些有望獲得最高利潤的計畫開始（油田一），然後再進行利潤較低的計畫。至少在目前來看，油田四的預期收入低於開採成本。當然，隨著技術的進步，情況可能會改變，然後邊際效用也會改變。

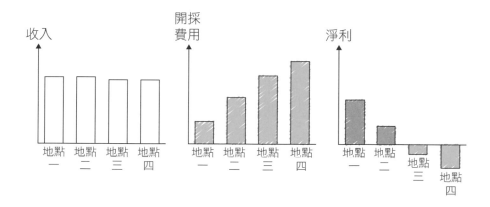

　　依據邊際法則思考的人會問自己：「接下來的五分鐘內，我可以做的最有價值的事是什麼？」、「如何把這 100 美元花到極致？」或「鑑於當前的客戶群，接下來我們應該關注哪些客戶？」

沉沒成本

　　沉沒成本（sunk costs）是由過去的決定產生的成本，是無法回收的，因為這些成本發生在過去，它們與公司面臨的其他（例如研發或材料）成本不同。它們獨立於將來的任何事件；沉沒成本已經付出，無論你下一步選擇做什麼，它們都不會改變。

我們這裡說的「成本」，是指為了在將來獲得更好的結果，而花費任何形式的支出（不管是時間或精力）。例如，付出的成本可能是必須學習技能。假設你在拉丁美洲找到一個很吸引你的職缺，也已經談好了這個工作，從現在開始一年內，你和家人計畫搬到墨西哥城。為了你的新職位，你每週會花許多小時學習西班牙語。但最後運氣不好，你的職缺告吹了。在這個節骨眼上，多數人會對自己說：「好吧，我至少投入了二百小時學習西班牙語，不要半途而廢、繼續練習下去吧。人生很難說！」

但是，如果沒有特定的「未來理由」，這樣並不是最理性的做法。你過去學過西班牙語的事實本身，不應該是足夠的理由讓你繼續這樣做。假設沒有其他原因能讓你因為說西班牙語受益，例如單純享受某種語言，那麼學習西班牙語的「成本」已經投入，無法回收。你根本無法恢復過去，也無法以其他任何方式來分擔「成本」（你花在練習的時間）。

人類傾向緊抓著過去的決定，往往就會陷入沉沒成本的謬誤。我們之所以這樣做，是因為我們的思緒在潛意識中將相關的決策聯繫在一起，即使這些是過去的決策，而且對未來的決策沒有影響。依據邊際思考的人只在意自己決策的未來結果，以及未來的取捨，他們不會對過去發生的事太過執著。

這種問題該如何解決？掌握本書，你可以在組織中扮演新角色──沉沒成本偏見的監督者。每當你聽到有人說「我們已經花了很多時間在這上面」，或「我們花了很多錢開展業務」時，你幾乎可以肯定，沉沒成本的偏差正在作祟。我們發現在這種時候，客氣地直接干預很有幫助，你可以說：「實際上，那不是重點。你們花的時間和金錢都沒了。問題是，你們現在應該要知道，我們將要投資的下一分錢，或下一個小時是否值得？」

這個想法是邊際思維的關鍵，實際上，如果不是邊際回報遞減，就不需

要用邊際法則思考了。

在生活中處處可見邊際回報遞減的例子。例如，肥料可以提高作物的產量，但只能提高到一個程度。添加的肥料越多，每單位肥料產生的影響就越小，而且過度撲滅害蟲，甚至會降低作物的產量。

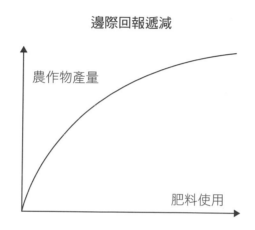

邊際回報遞減

我們從活動中獲得的滿足感也是如此。坐幾分鐘雲霄飛車可能很有趣，甚至坐一小時也很好玩。但之後，也許會感覺不那麼刺激了。度假給人的滿足也是，大多數員工最期待的度假，不會因為假期持續的時間增加，滿足感也跟著線性增加。在前兩週，忘記今天是星期幾，坐在游泳池旁，喝著瑪格麗特雞尾酒，過得瀟灑自在，一切都很有趣。但過了一段時間後，度假也會變得乏味，反而希望可以回到家中（甚至可能想回去工作）。

我們從收入獲得的滿足感也是如此。我們常常以為，錢越多越好，錢不嫌多。貝西・史蒂文森（Betsey Stevenson）和賈斯汀・沃爾夫斯（Justin

Wolfers）在 2013 年做了一項關於幸福與收入水平之間的著名研究。以 0 到 10 的生活滿意度量表來看，你的收入增加一倍，並不意味著你會多出一倍的快樂，說得更確切一點，這才使你在量表上高出半分而已。史蒂文森和沃爾夫斯用一個例子說明這一點：「東非的蒲隆地平均每人國內生產毛額約為美國的 1 ／ 60；因此，平均收入每增加 100 美元，對蒲隆地人民幸福感的影響會是美國的 20 倍。」[1]

依據邊際思考的人非常了解隨著時間流逝，取捨時產生的變化（代價會越來越高），並以此做出決策，他們只會考量當前的處境。

▌機會成本

機會成本的概念與邊際思維密切相關。假設你今天下午有 1 個小時可以有效率地做事，可以整理收件匣、回覆電子郵件，也可以精進西班牙語。請注意，時間做為投入的要素，這兩個活動產出的結果都有邊際回報遞減的情況，就像上述產量和肥料的例子一樣。打 1 小時的字會使你感到疲倦，若要維持回信的品質，第 20 封郵件要花比第 1 封更長的時間。對於你的詞彙技能，瓶頸是大腦處理和成功記住新詞彙的能力。

因此，對於電子郵件答覆和詞彙記憶這兩項任務，效果都會隨著時間下降，這就是上面的曲線會凹向原點的原因。讓我們看一個例子。假設你在 B 點，你可以在接下來的 1 小時內發送 6 封電子郵件，並在這個小時內學習 45 個新單字。假設你即將去南美洲度假，希望學習的新單字量可以增加到

最大。為了每小時學習 50 個單字，你必須放棄回覆多少封郵件？多學習 5 個單字的成本是 6 封電子郵件。提醒自己想到機會成本，最簡單方法是問自己：「我為得到這個東西，要放棄什麼？這樣取捨理性嗎？」

　　請注意，機會成本會根據你的起始點而有所不同。確切地說，如果你在 C 點，那麼再增加 1 個單字的機會成本，就只有你在 A 點時的 6 ／ 10，付出的「代價」約為一半。依據邊際法則思考的人會牢記機會成本（如果你採取了另一項行動，你會獲得的收益），以充分利用時間。

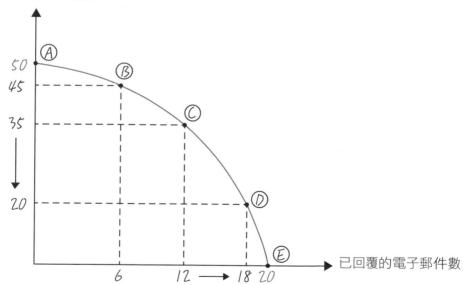

檢核表

邊際思維

☑ 考慮你目前的情況
根據邊際法則制定決策需要考慮當前的情況。請注意,目前的情況並不重要,重點是當下的情況。你老闆的演講表現如何?你在基礎設施工程中,進展到什麼地步?從了解自己的處境,以及採取行動的成本和收益,對於邊際思考至關重要。

☑ 向前看
你在計畫中投入多少錢或多少時間都沒關係:你不能回到過去,改變情況。時間和金錢被認為是「沉沒的」。你應該只考慮額外收益,並拿來與額外成本進行比較。

☑ 詳細計畫你的選擇
從現在起,你有什麼選擇?假設你可以花一個小時打掃房子,或者開始閱讀幾週以來擱在桌上的書。依照邊際法則,假設你的房子已經很乾淨了,看書對你可能會有更大好處。

☑ 觀點不必絕對化
生活的決定很少是黑白分明的,但通常介於兩者之間。在決定吃什麼時,你無需考慮是要禁食,還是大吃特吃一番,而是要考慮晚餐後,是否多點額外的巧克力慕斯。

進一步的例子：一、客房價格

在飯店業中，讓房間的使用率極大化是最重要的營收手段。旅館無法調整房間的數量（這些是固定費用），而與獲得的額外收入相比，增加一名客人所帶來的平均支出（登記入住、清潔、餐飲）很小。想像一下，每位客戶的額外成本為 50 美元，每晚的平均房價為 200 美元。在深夜又是淡季時，有一名旅客的口袋裡只有 100 美元。飯店該讓他入住嗎？答案是肯定的：依邊際成本來說，雖然收 100 美元比正常每晚的房價低，但這樣還是有利可圖。

二、所得稅

大多數政府使用累進稅制來收取所得稅。每多賺一塊錢，所適用的所得稅率會跟著所得級距提高。例如，2019 年收入在 0 至 9,700 美元之間的稅率為 10％，而收入超過 510,300 美元的邊際稅率為 37％。各國通常採用累進稅制來抑制不平等的現象，因為相對於收入較低的家庭，收入較高的家庭要繳納更多的稅。對於自由職業者和時薪專業人士，他們可以決定要工作多少小時，所以用邊際思考是合理的：如果「邊際收入」處於最低稅率範圍內，他們每一塊錢的收入可以實拿大約 9 成，而如果在最高稅率級距時，只有實拿約 6 成。

三、買一雙鞋

假設你想買一雙鞋，你真的很喜歡每雙定價 100 美元的那些鞋子。當你準備結帳時，店員走向你，告訴你買兩雙只要 150 美元。儘管這樣每雙鞋平均降至 75 美元，但你還是應該考慮邊際成本：你實際上從第二雙鞋獲得多

少快樂？第一雙鞋顯然對你來說價值 100 美元或更高，否則你不會想買。但是，即使你一開始沒有計畫買第二雙，第二雙還是值得 50 美元的邊際效益嗎？

關鍵要點

當我們做決策時，通常會考慮不相關的因素，例如過去發生的成本。我們經常陷入所謂「全有或全無」的陷阱，然後會考慮決策情況裡所有的好處和所有的成本，這會使決策變得複雜，難以處理。對比邊際思考，它要求你只考慮與當前情況相關的變數。邊際思考的核心是經濟思考，因為經濟學總是假設制定決策時，權衡額外好處大於額外成本，所以邊際思考可以說是理性決策的基礎。

第 8 章

積分計算
以標準做出合理取捨

我不止一次深切感受到，
衡量方法對改善人類生活條件而言有多重要。
——**比爾·蓋茲**（Bill Gates）

在多個選項中做出正確決定絕非易事，好的決策甚至要從更早之前開始準備好替代方案。本章我們將介紹提出備選方案的技巧，透過各種類型的標準、評分和排名方法，幫助你做出正確的決策。

▌成本效益分析——選項很多，怎麼選？

1930 年代，美國陸軍工程兵團改進了一種新的決策方法，好判定是與否，以及何時該採取行動。在這過程中沒有任何經濟學界的專業意見支持。

像往常一樣，（根據法律執行的）需要是發明之母。1936 年的《防洪法》（*The Flood Control Act*）要求陸軍工程兵團在計畫的收益超過計畫成本時，進行特定的計畫來改善水道。道理很簡單：撒出去的錢會賺進更多的錢。因此，兵團必須弄清楚河岸的農民、鄰近城鎮的居民、地方政府機關，以及下游的企業是否受到計畫的影響，以及影響的程度。

突然之間，兵團需要穩健、可重複的方法來了解哪些人從計畫中受益，如何受益，以及哪些人要付出代價。這道法律命令，促使兵團開發出了我們今天所知的成本效益分析（cost-benefit analysis）。在本章中，我們將介紹我們最喜歡的工具，這些工具可用來做出一貫的好決策，並從你已做出的決策中學習。我們的目標是在決策過程中為你提供一些方法，如果你始終如一

地實踐，你和你的團隊會漸漸成為穩健可靠、更好的決策者。

從系統性蒐集資料、清晰思考，到實踐和決定的過程，本章是全書重要的過渡階段。我們會告訴你如何在眾多可能的選項之間做出選擇，幫助你找到標準、評估選項，並量化不同的取捨。[1]

產生替代方案

如果你已經讀到這裡，就該知道如何尋找資料，並加以理解。現在是考慮解決方案的時候了。不過在此之前最好要有替代方案，你得先備好眾多、甚至是荒謬的方案。換句話說，我們建議你先求「廣」，然後再進行整合，並提出解決方案（或替代方案）的「可能組合」。有充分的證據顯示，從長遠來看，強迫你的大腦產生多種選擇會帶來更好的解決方案。[2]容易出現在腦海的點子不一定是最好的選擇（請回顧第二章，我們提到過為什麼太容易想到的點子可能會過度限制你）。

最簡單方法是，不假思索地列出你能想到的每一個點子，哪怕是最不合理的點子。如果你正在考慮自己的生涯，選項可能如下：

⊙ 留在目前的工作
⊙ 在同一家公司尋求升職或其他工作
⊙ 到其他公司找工作
⊙ 自己開公司
⊙ 等投資成功，賺夠錢儘早退休
⊙ 其他

一旦這麼做，你就會發現替代方案之間還有替代方案。你可以做無數種類的生意，有無數的公司可以加入，不只現在的公司而已。

如果你選擇在小組環境中進行腦力激盪（我們通常建議這樣做，因為這種方法允許以「群眾外包的方式」得出選項），請先把想法和評估分開來看。對我們而言，最有效的方法是發給參與者便利貼，一開始有五到十分鐘的安靜時間腦力激盪，之後再蒐集所有的點子，加以釐清，然後才能進行討論和評估。這是為了避免「團體迷思」現象，導致意見在早期（也不希望如此）就趨同。

▍弄清楚你想要什麼，以及想要多少

明確知道自己要的目標很重要。同樣重要的是，要有明確的方法衡量和評估這個目標。我們從一切都可以衡量的假設開始，[3] 即使在衡量方法極困難的情況下，嚴謹地為各種選項分配量化值或分數，這在評估過程中也非常有用。

這些年來，我們看到一些重大的決策和計畫失敗，是因為未能預先設定嚴格的標準，包括沒有明確說明所使用的標準類型。讓我們用一個一針見血的例子來說明標準的發展過程：賽門在思索要買哪種汽車。請注意，在這裡，賽門已經決定要買車，他只是想做出最佳選擇。

這是評分模型發揮作用的地方。你對「最佳」的定義幾乎肯定與賽門的定義不同。賽門首先定義標準，然後列出問題來測試。標準有兩種類型：

一、二元標準：

在商業界，你可能會聽到二元標準被稱為「必須」或「沒有商量餘

地」。實務上，你可以把它們想成必須回答的是非問句。它們同樣適用於個人選擇（例如，買車）。在這種情況下，賽門已將「汽車必須裝有安全氣囊」做為他的標準。這個問題很簡單：「汽車有安全氣囊嗎？」如果我們要以圖表的方式顯示此標準，看起來會像這樣：

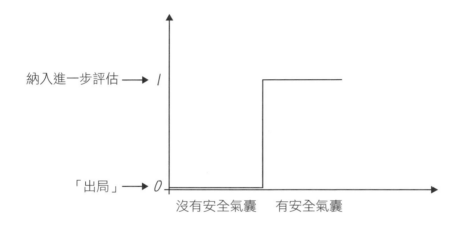

這是最簡單直接的標準類型之一，即你想要（或不想要）的事物是否存在。如果想要的事物不存在，則該選項就「出局」，不再考慮。

另外一種稍微複雜的標準是門檻標準。與前面提到的標準不同之處在於，你只在乎標準達到特定的一點。如果選項的標準高於此點（或低於此點，取決於你的定義架構），則選項就出局，不會再納入進一步考慮中。例如，門檻可能是預算的限制或最低油耗表現。只要汽車達到門檻標準，賽門就會納入考量，再進一步分析；如果沒有達到門檻，就會直接剔除。

二、嚴格提高或降低的標準：

你可以將其視為「多多益善」或「越少越好」的標準。對賽門來說，「多多益善」指的就是燃油效率：汽車越省油越好。

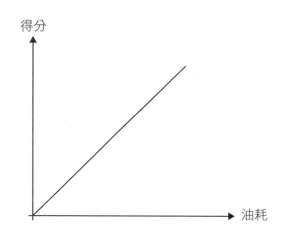

現在，你已經有了自己的標準，清楚知道自己想要什麼，就該開始將資料相互比較，並篩選出你的清單了。這時計分模型會派上用場。簡單來說，計分模型是一種為各種標準分配價值，並使用它來評估、比較選項的方法。以下是建立計分模型的方法：

① **使用你的二元標準（「篩選」）列出清單**

二元標準（包括門檻標準）可幫助你剔除清單上的選項。例如，你現在可以將清單上所有沒有安全氣囊的汽車劃掉（得向 1960 年代野馬敞篷車說抱歉了），或所有不符合預算門檻的汽車（忍痛揮別豪華跑車奧斯頓・馬丁

了）。這樣應該可以幫助你減少清單上的數量。

② 賦予權重，計算得分

　　既然你知道自己在乎什麼，就需要弄清楚自己在乎的程度。你可以透過以下方式對你設的各種標準進行加權：

⊙ 為每個標準分配一個百分比。

⊙ 如果你是在小組中進行這個步驟，則可以給每個人 10 分，要求組員把 10
　分分配給不同的標準。這對於解釋「情感深度」特別有用，也許賽門的組
　員覺得安全氣囊、油耗表現和價格這幾個標準同等重要，假設賽門只在乎
　價格。為了得出各個標準相對權重的百分比，你需要將每個選項得到的總
　點數除以組員全部的總點數（例如組員有 5 人，總點數就是 50）。

⊙ 你還可以選擇對你而言最重要的兩個面向，並為每個備案以滿分 100 分
　來打分數。

③ 畫出得出的結果

　　既然你已為每個標準設定了權重和得出加權分數，那麼你也可以把結果視覺化，例如使用 2 × 2 的矩陣。這個框架可以讓你根據兩個面向，用視覺的方式來比較各種選項，幫助你採取折衷方案。

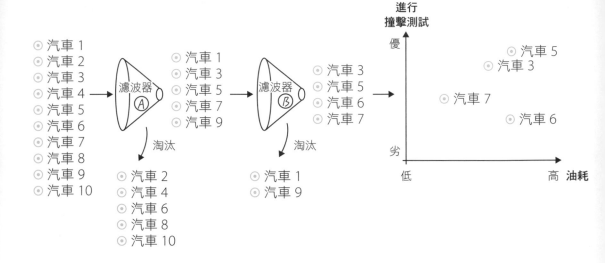

由於你已經「剔除」了未達標的選項（上面圖表中濾波器 A 和濾波器 B 淘汰的車種），因此只剩下在「越多越好」面向上表現不同的選項。如同範例所示，你可以在 x 軸上畫汽油的油耗，並在 y 軸上畫出碰撞測試的等級。

④ **做出選擇**

使用上面的矩陣或類似的矩陣，你的選擇就一目瞭然。有些選擇非常明確，消除矩陣左下角的選項幾乎是可以說得通的。右上角的選項幾乎肯定是成功的策略，那些才是你該追求的選項。此時，你可能會想：「一旦建立了矩陣，我的選擇就不明顯了嗎？」我們希望是的，沒錯。建立上述矩陣的做法應該明顯突顯出「對」和「不對」。但是它也應該讓你對一些選項更進一步討論，並需要在更細微的部分取捨，例如汽車 3 和汽車 5 都位於右上角。

你可能會想：「當我真正在意的是兩個面向時，這種矩陣真的太好用了，但是，如果情況是我有更多（也許多很多）的面向要考慮時，該怎麼辦？」在評估決策時，這種情況很常見，例如挑選求職者，或者了解團隊成員的績效評比隨著時間有何變化。在這種情況下，我們主張用「雷達圖」，用多個面向來增加或減少數據的總面積。以求職者的範例來看，可能有多個標準，包括：

- 多年的經驗
- 人際關係能力
- 簡報和溝通技巧
- 該職位需要的專業知識
- 能夠在步調快速的環境中工作

顯然，這樣的要素組合不適用 2 × 2 的矩陣。相反的，把這些條件以圖解的形式顯示在雷達圖中相對簡單直接。這是求職者評分量表畫出來的樣子，所占範圍離圖表中心越遠越好：

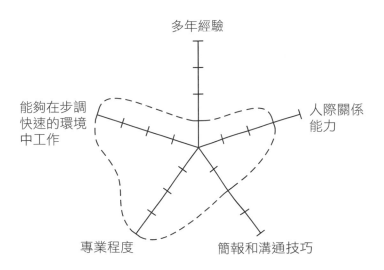

下一張雷達圖顯示出另一位求職者的評分被畫出來的樣子。現在你可以看到更大面積（就像是蜘蛛網，面積是最大的）的選項，這通常是更好的選擇。如果你的標準經過加權，這個通用的原則可能會變動。例如，你可以看出我們的第一位求職者在表面積上明顯勝過第二位求職者，因此似乎是最優秀的求職者。如果出於某些原因，我們對多年的經驗看得比其他標準高得多時，這種情況才會改變：

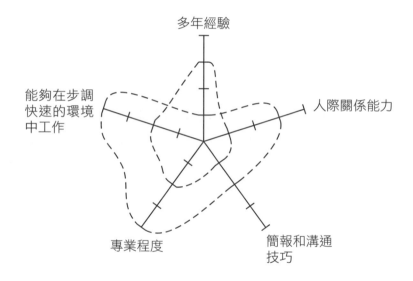

　　當你有多個選項和多個標準，並且希望能夠同時一眼看出整體狀況時，雷達圖特別有用。

⑤ 不斷把你的標準做到最完善

　　如果你嚴格遵循這種方法，假以時日，你會學到很多有關標準的實情。

例如，你一開始認為很重要的標準可能根本不重要（像是某專案非常有利潤，以至於再難執行也值得）。可能你最初認為是獨立的標準（例如，簡報和溝通技巧）實際上只是另一個標準的一部分（在這邊是人際關係能力）。同一個決定在經過許多回合的審視後，你才會注意到哪些標準真正會影響全局。你可以基於這種深思熟慮後的結果，來擴展或消除標準。

使用強制分級評等，快速做出選擇

對於低風險的決策，請使用強制分級評等（forced ranking）。當你在利益可能不同的多方之間，試圖辨識折衷方案的結果時，強制分級評等相當有用。常規的評分模型在事先同意權重（或利益）的情況下，沒有內置這種功能。例如，在編寫本書的過程中，我們經常需要休息和用餐。由於我們偏好在午餐時繼續討論，所以我們會傾向一起用餐。但是我們的喜好並不相同，我們對「好的」午餐地點的標準也不相同。如果我們要進行以上這種詳細的方法，賽門的標準可能包括：

⊙ 適合素食者
⊙ 高熱量
⊙ 距離我們當前位置步行不超過十分鐘的地方

茱莉亞的標準可能包括：

⊙ 適合雜食者
⊙ 非常辣

⊙ 環境不凌亂

　　為這些標準建立一套評分模型、尋找合適的餐廳，並不一定有幫助。倒是可以使用強制分級評等來看：

① 一起做出選定數量的替代方案（這裡三至五種選擇似乎是差不多的）。
② 要求每個參與者對選項進行排序，從 1 到 n 評等（取決於你有多少個選項）。
③ 把分配給每個選項的評等加起來，得分最低（最中意的）選項獲勝。

　　請注意，在強制分級評等模型中，我們並不在乎個人為選項排名的原因，我們的目標是快速找到大家偏好的選項，以便我們採取行動。

選項	賽門	茱莉亞	
墨西哥菜	1	2	勝出的選擇！
中國菜	3	1	
義大利菜	2	4	
韓國菜	4	3	

　　用強制分級評等直接比較選項的分數，確保你們選擇的選項可以從每個人的偏好中最有效地做出抉擇。在這種情況下，墨西哥菜就是所謂的**柏拉圖最適**（pareto-optimal solution，指資源分配的一種理想狀態），意思是不可

能使任何人的狀況變好，而又不損及他人的情況。

　　上述強制分級評等假設每一個決策者的偏好都同樣重要。但是，如果不是這種情況怎麼辦？你也可以考慮使用「否決權」來搭配強制分級評等。例如，假設我們已經判定賽門對素食餐廳的偏好超過其他標準和茱莉亞的偏好，那麼甚至在進行強制分級評等之前，你也可以給賽門「否決」清單上餐廳選項的權利（例如牛排館）。

　　但是，當某人喜好的重要性實際上比別人還少時，該怎麼做？讓我們繼續討論午餐的問題。賽門對權衡標準、在 Google map 上搜索一組全面的選項，以及在旅遊評論網站 TripAdvisor 上來回搜尋，從各種選項中進行排序，並不真正感興趣。相反的，他要求茱莉亞唸出她的喜好清單，當她唸到他可以接受的餐廳時，他會大喊「停」。我們永遠不會知道這是否是賽門的最佳解決方案，也許茱莉亞清單下面會出現他更喜歡的餐廳，但這是一個「夠好」的解決方案。看起來在這個例子裡，茱莉亞偏好的餐廳總是會勝過賽門的偏好。你可能會問，這樣對賽門公平嗎？事實上，賽門的偏好有被考量進去，只是我們權衡他的偏好是不要花他的時間和精力在決定要去哪裡吃飯。比起在哪裡吃飯，他更在乎的是這些。

　　上面是一個簡單的範例（但是人們常難以決定），你也可以將其用於重大決定。例如，考慮公司搬遷至新辦公室的地點，這是一項重要的財務決策，又是一項帶有感情的決策。讓團隊中的每一個成員獨立進行強制分級評等，不可避免地會引發每個人談論不同的取捨以及原因。透過顯示各種選項之間的關聯，可以鼓勵決策制定者透露自己的偏好，讓偏好可以立即得到澄清，並且可以迫使人們討論對各方重要的事項及原因。

▎贏家和輸家：成本效益分析

讓我們回到陸軍工程兵團的故事，他們忙著在美國各地建造橋樑和水壩。回顧法律要求，如果計畫帶來累積的利益超出成本，就應該實施這項計畫。突然，我們的工程兵團顯然沒有問自己，計畫對陸軍軍方有沒有好處，或甚至對美國政府有沒有好處？相反的，他們正在對誰會受益、以什麼方式，和受益多少的情況進行全面計算。雖然這種方法對於政府實體似乎是明智的，因為從理論上來講，政府應該嘗試使大眾福利最大化，但你們當中會有些人質疑這種方法對私人組織是否明智。如果計畫的總收益超過總成本，可是你的組織要承擔所有成本，而其他人（客戶、競爭者）獲得了所有的收益，那有什麼用呢？好吧，優勢在於你有能力向客戶和競爭對手收取他們獲得這個好處的費用。你已經確定計畫創造的收益大於成本，下一步是確定如何確保你可以從受益的人或團體中收回當中部分的成本。

```
┌─────────────────────────────────┐
│        成本效益分析基礎介紹         │
├─────────────────────────────────┤
│                                 │
│   好處  >  成本  ──→  進行        │
│   好處  ≤  成本  ──→  不要進行     │
│                                 │
└─────────────────────────────────┘
```

我們不打算寫計畫融資教科書（我們不認為你想讀！），但請有耐心讀完我們談到的一些數學運算。當你正嘗試確定公司是否應該購買一台新機器，可以混合並烘烤德式酥餅 Pfeffernüsse（來自賽門故鄉德國的餅乾）和林明頓（Lamingtons）蛋糕（來自茱莉亞故鄉澳洲的蛋糕）。這台機器的購置成本為 10,000 美元，你需要每週支付麵包師 1,000 美元的薪水。你每月

可以生產 600 份德式酥餅和 700 份林明頓蛋糕。這個情況是可以把收益貨幣化，這兩種糕點可以分別以 30 元的價格出售。如果你開始這項計畫，你將投入在上面至少 10 年。問題來了，你把一生的積蓄都投入到這台機器上，收益會超過成本嗎？

① 首先，用與上述相同的方式快速算出你的收益和成本。

② 其次，我們希望能夠把第 10 年的收益與今天產生的成本進行比較，透過確定收益和成本的現值可以做到這一點。請繼續與我們一起用數學計算：

◉ 根據金錢的時間價值折算收益和成本（我們運作的原則是，今天 1 美元的價值超過一年後的 1 美元很多。為什麼？因為現在的一塊錢會比將來的一塊錢大，所以我們會更想要現在的錢。如果你把這筆錢投入無風險、年度實際利率為 r 的投資上，你在一年後會收到的錢是（1 + r）倍。因此，一年後付給你的錢在今天等於該數值除與（1 + r）。

◉ 為了簡單起見，我們使用以下公式，把「折現率」設為每年 10%。

$$淨現值（NPV）=（收益價值 - 成本）/（1 + r）$$
$$式中 r = 折現率（例如 10\%）$$
$$t = 相關時間期間（例如年數）$$

還是不太懂？不用擔心，成本效益分析一開始會有點違反直覺。以下我們以表格來呈現：[4]

	描述	第 0 年	第 1 年	第 2 年	第 3 年	第 4 年	第 5 年
新機器的成本	$10,000	$10,000					
麵包師的工資	月薪 1,000 美元 （年薪 12,000 美元）	–	$10,909	$9,917	$9,016	$8,196	$7,451
收益： 德式酥餅的銷售	每月 600 美元 （每年 7,200 美元）	–	$6,545	$5,950	$5,409	$4,918	$4,471
收益： 林明頓蛋糕	每月 700 美元 （每年 8,400 美元）	–	$7,636	$6,942	$6,311	$5,737	$5,216

	描述	第 6 年	第 7 年	第 8 年	第 9 年	第 10 年	合計
新機器的成本	$10,000						$10,000
麵包師的工資	月薪 1,000 美元 （年薪 12,000 美元）	$6,774	$6,158	$5,598	$5,089	$4,627	$73,735
收益： 德式酥餅的銷售	每月 600 美元 （每年 7,200 美元）	$4,064	$3,695	$3,359	$3,054	$2,776	$44,241
收益： 林明頓蛋糕	每月 700 美元 （每年 8,400 美元）	$4,742	$4,311	$3,919	$3,562	$3,239	$51,614

現在，從總收益（95,855 美元）中減去總成本（83,735 美元）。這個簡單的計算公式為你算出 12120.44 美元的總淨收益。所以決定如何？這台新的烘焙機可能無法讓你獲得豐厚的財富，因為按淨現值計算，成本確實超過了收益。這種快速的數學運算僅花不到幾分鐘的時間，就讓我們立即評估了接下來十年潛在的投資和收入。

▌ 讓標準協助你

◉ **不要受結果的左右：** 如果你因為不喜歡結果，而變動了標準，請對標準保持透明和公開。

◉ **保持敏銳：**一開始就闡明哪些標準是真正重要，這些標準不會任意改變。例如，在找新房子時，你一開始可能會以為自己需要游泳池。但經過分析你注意到，去年實際只有游泳 3 次，其他 362 天根本沒有去游泳。你也知道，如果你可以在理想的區域擁有沒有游泳池的房子，那麼你絕不會在不理想的區域選擇有游泳池的房子。你對游泳池的興趣薄弱，實際上並不特別影響你的決定。

◉ **管理複雜性：** 三個標準優於七個標準。如上所述，把重點放在真正重要的地方。

檢核表

如何找出重要的標準

☑ 設定標準
列出對你真正重要的內容。什麼會讓你改變主意？標準越少越好。

☑ 確定你使用的標準「類型」
二元制和門檻（當成「濾波器」），還是嚴格提高？

☑ 先做一道篩選
在繼續根據其他標準評估選項之前，請使用你的二元制標準消除一些選項。

☑ 並非所有標準都是平等的
為標準分配權重，好反映其對你決定的相對重要性。

☑ 對於重大決策，請計算所有選項的加權值

☑ 避免團體迷思
在牽涉多個參與者的決策情況下，請你的團隊獨立進行評估。

☑ 使用強制分級評等
這是問出偏好和快速決策的方式。

關鍵要點

　　許多選擇並不簡單明瞭。同樣的，許多看起來很複雜或讓人壓力很大的決定，也可以徹底簡化。每一個選項都有不同的優點和缺點，通常很難選出正確的選項。結構化的評分模型能幫助你仔細考慮標準、權重和分數，並為你提供嚴格的評估方法。使用計分模型能讓交流和討論選擇變得容易，並使你獲得最有益的解決方案。

第 9 章

說到做到

實驗測試你的解決方案

勿因羞澀而畏手畏腳。
人生就是一場實驗，實驗越多，做得越好。
如果實驗有點粗糙，可能把你的外套弄髒或弄破怎麼辦？
如果你失敗了，有一兩次搞得灰頭土臉的，該怎麼辦？
再站起來，你將不再害怕跌倒。
——美國文學家　**愛默生**（Ralph Waldo Emerson），1842 年 11 月 11 日的日記

　　我們經常受既定觀念影響而被誤導；當條件改變時，所謂的最佳做法可能會讓人失望。為確保精心設計的解決方案能真正實現想要的結果，你需要更聰明的方法加以測試。實驗能讓你更快速、更經濟地測試各種方案，讓你從實驗結果中學習，並在推出解決方案時調整方法。

　　乍看之下，這個心理策略似乎屬於本書前幾章說過的。但我們相信「實驗」這個策略，能讓你在專案實施階段就獲得最大收益。把實驗和試產視為從解決方案無縫接軌到實施的過程，看成是一種摸索和從做中學的概念。

　　這樣看好了：最糟糕的情況是什麼？即使實驗失敗，也可能會產生有價值的資料，這些資料可用於優化下一次解決方案的重複回饋過程。

　　實驗用知識取代了猜測、直覺和最佳做法。實驗也是軟體開發人員所說的敏捷開發（agile development）的核心。敏捷開發並非預先計畫好所有的活動，然後按順序進行，而是強調進行許多實驗，並從中學習。你會在實驗中得到許多好處：

❶ **使你可以專注於實際結果。** 專案之所以被視為成功，不是因為它按照計畫

運作，而是因為它經得起現實的考驗。

② **減少修改。**由於回饋週期短，因此與傳統的專案規劃相比，可以更快發現潛在的錯誤或問題，並可以更快解決問題。

③ **降低風險。**整個實施過程中透明度增加了，因此與傳統專案相比，可以把風險控管得更好。

進行實驗是耗時且花錢的工作，只有非常特殊的情況才適合進行實驗。

▌實測解決方案

康斯坦丁的公司替飲料業從事利基行銷和市場研究，他是第三代的老闆。客戶僱用他評估和制定小罐裝和大瓶裝飲料的品牌戰略。他的任務是替想喝飲料的消費者創造欲望，選擇客戶的品牌，而不考慮其他家品牌。

但是，怎樣是達到目的最好的方法？該向消費者傳達怎樣的正確故事？最有說服力的概念是什麼？這些問題的答案已經隨著時間慢慢改變。

他記得，他爺爺做生意的經驗像是一門藝術：「爺爺根據他覺得消費者會喜歡的東西來選擇產品樣式。他的品味高雅，顯然對美學有獨到天分。那時，很少有人會比較產品設計前後的銷售數字。當他們的產品在市場上大放光芒時，我們的客戶很高興。當時的市場產品並不多，因此任何品牌若能夠保持一致、專業的外觀和感覺，都有可能在市場占有一席之地。」

事業傳到他爸爸之後，隨著公司的發展和競爭對手增加，光憑直覺已不足以在市場上獲得成功。相反的，根據他爸爸的說法，需要結合直覺和科學。康斯坦丁說：「爸爸仍然依靠他天生的直覺提出能引起客戶共鳴的設計，也許這種天分是家族遺傳。但是，他還是很認真地學習心理學和決策科

學。他根據研究人員認為是有效的內容來調整產品的意象、顏色和文字。」

比對康斯坦丁今天的作品：「今天，我們擁有實驗和優化產品的工具，能臻至完美到最後一個細節。有很多細節可以讓產品截然不同，像是設計、文字、顏色、材料。我不會試著猜測哪些是可行的。相反的，我不過是將數千個瓶子放在各個零售點，蒐集資料查看哪些設計能引起消費者最大共鳴。」

康斯坦丁進行商業實驗。首先，他把最終樣式再設計成不同版本，例如五種不同的標籤。然後，他找了幾間超市把酒瓶放在貨架上（他確認了這幾間超市的客群類型是相似的）。最後，他以收回的資料來判定哪種設計效果最好。這種洞察力使康斯坦丁可以開始大規模生產經實驗證明非常有效的設計。在所有決策者的錦囊中，實驗和測試都是非常寶貴的工具。

進行實驗的理想條件是，決策情況具有實質的影響，但在一定程度上，實驗結果是可逆轉的。如果你所處的環境複雜或不斷變化，尤其適合進行實驗。實驗背後的基本理念是反覆試驗，不斷摸索，但只有當錯誤的代價不是很高時才可行。如果你的潛在選擇既重要又難以復原，請花點時間考量再做決定。我們已討論過這些情況，建議你該採用「計分方法」這個策略。

▍兩種實驗

通常可以透過二種實驗方法來驗證你的想法：

① 進行「隨機對照試驗」，透過比較「實驗組」反應與維持原狀「對照組」衡量變化（經過「實驗處理」）的影響。你可能聽說過「AB 測試」，這是隨機對照試驗的一種，是網站設計的術語，用於優化網頁內容。

② 「依序」在同一小組（或測試者）上做實驗，以不同的「週期」更改參數，並衡量其有效性。

　　隨機對照試驗被認為是科學探究的最高標準，但這種實驗不適用於多數情況。首先，要確保結果實際有用，你需要兩個樣本夠大的組合，實驗的測試者以完全隨機的方式分配給這兩組。如果你不能保證做到完全隨機分組，仍然可以進行實驗，但需要留心有無失真（例如，把特定一種「類型」的實驗對象選進實驗組或對照組）。

　　序貫實驗法（Sequential）更容易、更實用，但結果比較不可靠，實驗需要更長的時間。隨機對照試驗是把實驗組與未接受實驗組同時進行比較，而序貫實驗是按順序進行比較。因此，在第二輪中情境因素可能已更改，但是對於某些干預情況，序貫實驗卻是測試功效的唯一方法。讓我們分析看看有什麼不同。

▍用隨機對照試驗，尋找最佳價格點

　　史蒂芬・湯克（Stefan Thomke）教授和詹姆斯・曼茲（Jim Manzi）教授是當今商業環境中強烈倡導實驗的人，他們 2014 年在《哈佛商業評論》中發表大型寵物食品連鎖店沛可（PetCo）的創新文化。[1]

　　沛可的主管以每年進行超過 75 次的商業實驗聞名，每個人都負責進行一項實驗，如果成功的話，將有助於公司實現更具創新的使命。

　　每個實驗沛可都會隨機選擇 30 家商店（實驗組），然後根據其規模、客戶人口結構、區域競爭對手等條件，配對 30 家情況類似的商店（對照組），然後進行盲測，即在各個商店的經理和員工都不知情的情況下，進行

測試。盲測研究是醫學領域的標準方法，可以降低研究對象在實驗環境中修改行為的（不希望的）傾向。

透過這個實驗設置，沛可能從價格修正，到商店動線設計、營業時間和特別優惠等所有內容，進行檢查和優化。在一個實驗中，沛可發現，在其他所有條件都相同的情況下，價格尾數是 0.25 美元的商品，其總收入最高。這個結果與傳統觀念大相逕庭，傳統認為價格應以 0.99 或 0.95 結尾。一開始，資深主管對這個結果感到懷疑，但他們願意嘗試新的定價方案。結果在執行專案（先從與實驗組相似的商店開始做起）之後，這些產品的銷售額在 6 個月後躍升了 24% 以上。也就是說，直到測試後，我們才會知道以前不知道的事。

檢核表

如何進行隨機對照試驗

☑ 陳述你的研究假設
你想找出什麼？在研究開始之前，構思出你的特定假設很重要。例如，你可能假設價格適度上漲（＋10%），不會對你的銷售產生重大負面影響。

☑ 定義結果變項
做實驗可以了解投入因子（例如價格）的變化對結果指標（例如業績）之間的關聯。用白話說：它能幫助理解我們的行為會產生什麼因果關係。典型的結果變項是單位業績或收入、點擊率（如果你正在優化網站）、所容納的人數（在住宿、醫療保健等方面）、自己陳述的生活品質、客戶滿意度等等。

☑ 建立兩個組：實驗組和控制組

為了衡量實驗處理的作用，你需要兩個具有相似特徵的小組：一個實驗組（接受干預措施或實驗處理）和一個對照組（不接受干預措施，或僅接受安慰劑）。

兩個組都是隨機選出的，這一點很重要。理想上，任何主題的測試者其資格完全由偶然決定。說起來容易做起來難，因為在很多情況下會出現自我選擇，即具有某些特徵的個體更有可能被分到實驗組或對照組。這會讓結果失真，因為受試者組別裡的某些共同特點（例如，社會文化因素、居住地或單純在實驗時是否有空）就可能是組間差異的唯一解釋，而非對實驗處理的唯一解釋。

為了獲得「具有統計意義的結果」，你需要足夠大的樣本量。計算最佳樣本量的公式很複雜，但是根據經驗，在商業環境中通常認為 30 到 50 個觀察值就足夠了。

☑ 對一組施以「實驗處理」

在把受試者隨機分配到實驗組或對照組後，接著調整對實驗組的投入，而對照組的投入則保持不變。在我們的範例中，是把全國 20 家隨機商店中某一項產品（或產品類別）的價格提高 10%。

要確保選擇適合測量效果的期間。實驗期間一天會太短，一年則可能太長。

☑ 測量和比較

在事先定義的期間過去之後，蒐集產出的資料（在我們的範例中為業績），並計算平均值。如果樣品分配給實驗組和對照組確實是完全隨機的，那麼實驗處理的效果（價格提高 10%）就是實驗組的平均結果與對照組的平均結果之差異。

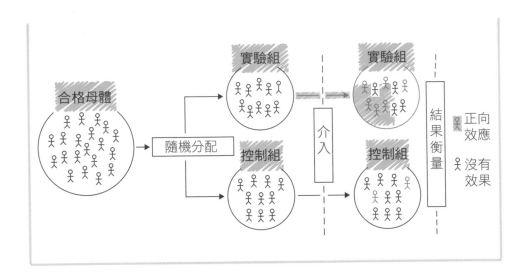

▌序貫測試，測量飲食習慣對睡眠的影響

我們以睡眠品質為例，仔細研究第二種類型的實驗，即序貫測試。

最近的研究證實，良好睡眠對認知功能和整體幸福感之間有正向關係，這樣的結果並不令人驚訝。假設你對優化睡眠品質感興趣，有許多不同的做法可嘗試。

常識／直覺	因果理論	科學測試	現實生活中的實驗
對於方法是否有效，感覺不確定	基於邏輯的因果模型	不同環境下的科學研究	在與實際應用相似的環境下進行實驗

相信直覺和常識是第一步，你一定有一些常識性的做法：讓臥室變暗、消除夜間噪音、避免就寢前大量進食。

下一步精密的做法是考慮因果理論。例如，合理的假設每個人都具有自我調節的睡眠週期。依照這種假設，如果你發現自己在不使用鬧鐘的情況下反覆睡著，就可以得出結論，身體「自然」需要更長的睡眠時間。讓自己早點睡覺（或晚點起床）也可以提高睡眠品質。再下一步可以查閱科學文獻資料。透過查閱教科書和研究報告，快速了解生理時鐘和快速動眼期睡眠階段，更可能判定進一步優化睡眠的方法。

但是，由於每個人的體質各不相同，與統計上的平均值有所出入，所以要根據自己的情況，測試出最適合自己的數值。例如，你可以嘗試使用上面列出的所有方法；或嘗試其他「介入方式」，例如改變就寢前所吃的食物（碳水化合物或蛋白質，哪種比較好）、改變臥室溫度，或使用褪黑激素等非處方藥。[2]

檢核表

如何進行單一受試實驗[3]

✓ 首先定義出研究假設

你想了解什麼？假設你目前正在一所著名大學攻讀高階經理人管理碩士，你很想提高自己的認知能力。你讀過相關文章，其中一種方法是定期練習冥想。但是，根據你對朋友（和網路上討論區）所做的不具代表性的調查，這個方法似乎並不適合所有人。

☑ 想想看實驗該如何操作

你要如何衡量結果變項？首先測量必須：
1. 有效（能夠真正衡量所要衡量的程度）
2. 可靠（在完全相同的情況下重複實驗時，提供一致結果的措施）
3. 準確（以足夠高度精準測量變項的能力）

例如，你的實驗可能是正確算出 50 題難度相似的隨機數學問題，所需花費的總時間；只衡量答出 5 題數學所需的時間，可能題目量不夠多，但做 200 題就過多了。

☑ 定義實驗處理，並謹守遵循

要衡量實驗處理對結果變項的影響，請制定實驗處理計畫書，並遵守內容。把所有其他變異數控制到最小，這一點很重要，不然會很難在實驗處理和結果測量之間建立明確的因果關係。在我們的範例中，這可能意味著堅持嚴格的 30 分鐘冥想計畫，例如在實驗日，在同一個房間、同一個時間進行冥想。

☑ 設定時間表

儘管隨機對照試驗通常同時進行實驗組和對照組，但在單個案例實驗中，沒辦法同時研究實驗組和對照組。你是唯一的受試者，因此是限制因素。這就是為什麼制定時間表會是關鍵，這樣才可以確保產生足夠數量的資料點。如果你的實驗每天只能測量一次，請務必至少進行幾個星期。

☑ 設定實驗設計

在單一受試的研究中，最常見的實驗設計有三種：

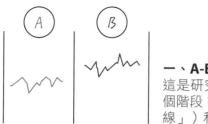

一、A-B

這是研究因果關係最基本的設計。分為兩個階段：階段 A（無需任何介入，測量「基線」）和階段 B（實施實驗處理）。

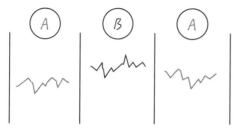

二、A-B-A

這種設計稍微複雜一點，你可以比較結果變項在實驗處理前後的變化。這將有助於確定效果持續的時間：第二個 A 階段的水平提高，可能代表前一個實驗處理階段 B 的溢出效應（事物一個方面的發展帶動了該事物其他方面的發展）。

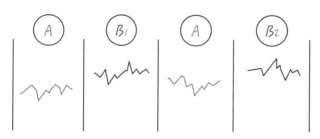

三、A-B1-A-B2

透過此實驗設計，你可以判定實驗處理強度對結果變項的影響。以我們的範例為例，你可能有興趣了解在早晨冥想更久，是否進一步提高了結果變項。例如，你可以將 B1 階段中的冥想時間從 30 分鐘，延長到 B2 階段中的每天早上 45 分鐘。

☑ 計算差異

只需取每個階段的平均值，並計算差異，即可判定你的實驗處理（在我們的範例中為早晨冥想）是否會影響測量的結果變項。

☑ 判定結果是否顯著

這是棘手的數學部分。你可能聽說過「p 值」，如果變項遵循常態分布，且樣本量大，則 p 值就是判斷統計上有顯著差異的指標。[4]

要注意的地方是，了解因果關係的解釋。實驗主要是建立相關性，不應該與因果關係混淆。另外，資料的品質和測量可能會是個挑戰。只有在你從實驗獲得的資料品質良好時，結果的品質才會跟著好。進行 A-B-A 和 A-B-A-B 測試，而不是光進行 A-B 測試而已。此外，把兩個 A 階段互相比較，是確保有可靠的基線和結果指標品質良好的好方法。

▍進一步的例子：試驗工廠

改變生產過程或基礎技術通常很冒險。儘管當今的軟體讓工程師在實施大規模變動之前，可以用數位方式展示和模擬改變，但仍然存在著無法精確控制的情況。製造業更不會讓整個生產設施進行變動，通常會從一兩個試驗工廠開始改變。這個想法類似小規模的單一受試實驗，讓公司可以實際測試新的生產技術，從失敗中學習，因而把風險降低至最小。

使用「HIT」進行快速實驗

人腦智慧任務（Human Intelligence Task，簡稱 HIT）是由使用者完成簡短的任務，然後按任務件數獲得報酬的機制。常見的平台是亞馬遜的 Mechanical Turk、公眾工作平台 Clickworker 和問卷平台 Toluna，這些平台非常適合測試人們對廣告標語或新商標設計的反應。你需要明確的目標群體（例如，具高中學歷的 30 多歲女性）、樣本大小（例如，每組 20 人）和方法（例如，替代方式的排序）。上面概述的實驗著重於可觀察的結果，相反的，HIT 則依賴調查的回應。調查通常會有所謂「敷衍應答」的問題，即受訪者傾向於選擇第一個合理的回答，同意問卷的說法，甚至是會完全隨機回答。務必盡可能把問題設計成讓受訪者可以輕鬆答題，並縮短調查時間，以降低敷衍應答的情況。強制分級評等的調查答案通常會產生最佳結果，因為這是一項艱難的認知任務，需要進行絕對比較。

關鍵要點

要怎麼知道你的解決方案是否有效？如何確保我們的做法達到預期效果？在了解因果關係時，我們通常會轉向猜測、模仿他人或用最佳做法。但結果通常令人失望，因為最佳做法可能在某種情況下有效，在其他情況下則無效。透過實驗，你可以測試解決方案，並查出它們是否能通過現實考驗。如果你可以隨機分組，對照組和實驗組的樣本量夠大，就使用隨機對照試驗（例如，A-B 測試）。如果只有一個受試者，則實施單一受試實驗。

PART **4**

精準達成

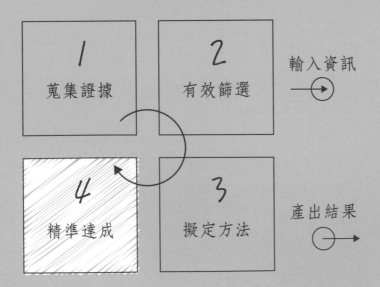

| 1 蒐集證據 | 2 有效篩選 | 輸入資訊 → |
| 4 精準達成 | 3 擬定方法 | 產出結果 → |

筆者我們是天生樂觀的人，但也是務實的人，本書的最後一部分即是以這種務實的精神寫成。我們希望成功，但也會為失敗預先計畫，這是合理的做法，因為大部分為了改變所做的努力最後都有可能會失敗。超過一半的公司合併後，無法實現原先預期的價值；每年一月，也有超過 80% 的人放棄新年願望。我們必須委婉地說，改變真的很困難。

　　即使擁有正確資訊、清楚理解因果關係、針對問題的解決辦法，若是無法付諸行動，也沒有任何價值。事實上，商場和職場到處都有危險的策略，一旦組織試圖執行這些策略，往往會以失敗收場。失敗的原因各不相同，解決方法更可能造成反效果，因為組織裡沒有執行策略的專家，或是需要的資金較原先預期的龐大。原本所有人都同意的決定，最後卻導致公司陷入泥沼，急欲找方法脫身。

　　本書的前三部分談到如何做出明智的抉擇。在這個部分，我們希望分享如何使改變持續下去，確保現在所做的好決定，成為未來的致勝策略與改變方案。

　　由於執行失敗相當常見，決策者能夠了解失敗的原因，掌握對抗失敗的策略顯得格外重要。第四部分是本書最後一部分，我們將檢視這類策略，包括實質選擇權及誘因系統，這也是鼓勵他人執行由你決定的解決方式和最佳實施辦法的方法。

第 10 章

增加機會
以實質選擇權提高成功率

你的任務不是預知未來，而是造就未來。
——**安托萬·聖艾修伯里**（Antoine de Saint-Exupéry），《要塞》（*Citadelle*）

　　無論你是否決定蓋新工廠、買新車或僱用新員工，你都可能從改變想法中獲益。當你必須在不確定的情況下，做出影響重大的決定，這個心態和能力其實相當有用。

　　在不確定之下，有能力在情況改變時，轉換選擇相當重要。當然，這樣的彈性通常附有某種程度的代價。這就是選擇權，它能幫助你：

- 考慮未來的「可選擇權」：在未來檢討和改變決定的能力
- 計算實質選擇權的成本與效益
- 決定在何種情況取得這些選擇權是合理的做法
- 將糟糕或錯誤的決定風險降至最低
- 以相對較低成本，將選擇權最大化
- 考量資訊的價值，做出更好的決定

▎使用實質選擇權，提高成功機率

　　安妮在愛丁堡找到完美的公寓後，她的房東提出一項誘人的提議：如果她簽訂 24 個月以上的租約（而非當地典型的 12 個月租約），她每個月可省下 500 英鎊的房租。安妮在該城市的就業前景樂觀，而她和伴侶正計畫接下來 5 年都住在該區域。每個月 4,000 英鎊的房租若便宜 500 英鎊，連續 24

個月，這代表 2 年來可省下 12,000 英鎊。這筆錢金額龐大，但如果她需要提前解約呢？安妮如何選擇？

　　本章我們將介紹實質選擇權的概念，在因應改變之時，這是幫助你評估或檢討決定的方法。我們經常得做出非常重要的經濟決定，進行實際的交易。例如該買房子，還是租房子？該今天買機票，還是看看下週價格是否更優惠？知道妻子明年可能在別處找到新工作，是否該為孩子的私立學校預付訂金？即使還沒有拿到任何新客戶的訂單，是否該在工廠投資新的產線？用選擇權思考，將有助你規劃不可知的未來，還能保持彈性。

▎什麼是選擇權

　　在開始之前，我們先概述金融選擇權。

　　「選擇權提供持有者在選擇期限到期時或之前，以特定價格（稱為行使價或執行價格）購買或出售一定數量標的的資產的權利[1]」。如果你想確保決定的穩定性，選擇權相當有用。舉例來說，你知道在 4 個月後需要一些鋼建造新工廠，但是你在這段期間沒有地方儲存這些鋼。與其直接購買鋼，你可以購買以今日訂定的價格，在日後購買鋼的「選擇權」，也就是你可以買鋼，但不是（現在）必須，因此你有選擇權。你付出一小筆權利金，但買的是以免價格上漲超過你可接受範圍的保險。在金融術語中稱為「買權」（call option）；買權的相反為以特定價格在日後出售資產的權利，但並非義務，稱為「賣權」（put option）。

　　我們回到安妮的租約。安妮放棄了可選擇權：即她放棄了在 2 年租約到期前想搬就搬的權力，好處是每個月可以拿到租金便宜 500 英鎊的折扣。她是否該這麼做？讓我們看看她的選擇權。

在以下的決定樹狀圖中，長方形代表決策節點，而圓圈代表機會節點[2]。

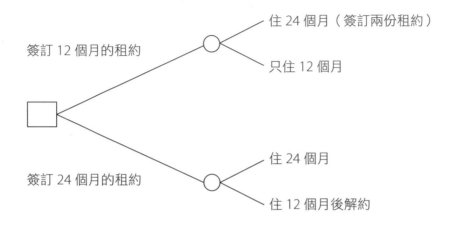

安妮是否會接受提議，選擇 2 年的租約，取決於她住 12 個月或 24 個月的主觀可能性。假設她估計住 2 年的可能性為 80%，1 年的可能性為 20%。

若以這樣的可能性來看，安妮的確應該簽訂 24 個月的租約，這樣會讓她省下 2,400 英鎊（86,400-84,000）。換句話說，安妮在 24 個月當中，獲得 12,000 英鎊，以交換她放棄在 12 個月後離開的選擇權。由安妮的主觀可能性來看，簽訂 24 個月的租約將使她獲利 2,400 英鎊。

選擇權價值不僅能用在租房，也可用於買房。在美國許多區域，為了遵守必須的注意事項，購買房屋或公寓的買家得先付一筆相對小額的訂金（例如 1,000 美元），以「保留」房子，好比說 3 天的時間。如果你決定不買，賣家得以收下這 1,000 美元。在這樣的情況下，你買的是稍晚以同意的價格購買房子的選擇權，避免房子被其他人買走。

有時候，你可以毫無代價取得這些選擇權，這取決你的談判能力。拿一個簡單的例子來說：星期六上午，你外出為當天晚上的派對購買新衣，你在第一家店試穿一些喜歡的衣服（這個線索顯示賽門和茱莉亞是老派的人，還在實體店面試穿衣服！），但你不知道這些衣服是不是最滿意的，因為你可能在當天發現其他好看的衣服。因此，你請店員幫你把衣服保留至下午三點，而他也同意了。此時，你取得了選擇權：你有權利，但沒有義務在星期六下午三點前的任何時間，以標籤上的價格購買這些衣服。你成功取得這個選擇權，對你而言沒有任何代價，但會對商店員工和老闆造成一些不便和風險。他們必須為你保存好衣服，且基於禮貌，他們不能將衣服賣給他人。如果決定不行使選擇權，你只要不返回商店即可，而在下午三點零一分，衣服將回到貨架上。

這個簡單的例子實際上是個例外，**選擇權幾乎都附有代價**。以艾莉克絲和丹尼為例：這對夫婦有兩個 8 歲以下的孩童，兩人都有忙碌的全職工作，以及各式各樣的事務。4 個月前，他們發現兩人幾乎沒有一對一的相處時

光，因此艾莉克絲提出有創意的解決辦法：每週五晚間「預約」一位保母。如果他們想要外出看電影或用餐，保母麥特就會在晚上七點抵達他們家。但如果他們想待在家共進家庭晚餐，就向麥特取消，而他們還是必須付錢給麥特。他們決定不管出不出門，都必須付這筆錢，好確保麥特在他們想出門的週五晚間保留時間給他們。

做決策時，使用選擇權

一旦你開始注意，就會發現選擇權無所不在。如何增加與將選擇權最大化，是做決策的必備能力。在本章中，我們將介紹三種在決策時特別有幫助的選擇權：擴張的選擇權、延遲的選擇權、放棄的選擇權。

擴張	延遲	放棄
玩更大或 （可能）維持現狀	以某種代價 按暫停	在想要的 時候離開

擴張的選擇權

第一類型的選擇權是擴張的選擇權，指在未來某個時間點有效地將目前的決定增加一倍或兩倍。舉例來說，一間製造公司的主管或許不知道公司是否需要擴張生產設備，但他們知道，如果產品的需求增加，在未來擁有擴張設備的選擇權將對他們有利。他們現在藉由購買工廠附近的額外土地，能夠創造未來進行擴張的選擇權，前提是預想成真。如果擴張並不合理，他們只

需要賣掉土地或出租給他人。如果事實證明是有益的,選擇權可使領導者有能力,而非義務在未來修正決定。

你可以看見決策者把「擴張選擇權」用在另一個地方,也就是電影的最後時刻,懸念式結尾鋪陳了續集的可能性。以羅蘭‧艾默瑞奇(Roland Emmerich)的電影《酷斯拉》(*Godzilla*)為例,在世界獲救後,鏡頭淡出在酷斯拉其中一顆蛋破裂的畫面;現在世界安全了……直到續集上映為止。

延遲的選擇權

延遲的選擇權意思相當明顯,這是在未來從事一項計畫的權利,而不必現在進行。你可以用僱佣關係思考延遲的選擇權。

在2009年全球金融危機期間,一些提供專業服務的公司針對新僱用人員實行不同的延遲選擇權。美國世達律師事務所(Skadden Arps)已僱用了資淺的律師(剛從法學院畢業的初級律師),但是市場對頂級法律服務的需求大幅減少,因此讓這些資淺的律師在畢業後立刻加入公司並不合理。然而,需求減少的程度也還不到要這些資淺的律師開始找其他工作。世達的合夥人事實上希望爭取時間,他們提議給予這些未來資淺的律師第一年年薪的一半(當時為8萬美元),以換取他們一年後開始上班。在這段期間,這些人可以去旅遊、創作「偉大的美國小說」(Great American Novel)[3]或做其他事,且牢記在心,一年後將能夠在公司工作。同時,事務所能夠藉由執行(無可否認昂貴的)延遲選擇權管理薪資成本。

同樣思考一下,一名電影製片讀到一本深受感動的書,她認為這個故事值得介紹給其他觀眾,並且想像這會是一部好電影。她(以明顯微不足道的金額,作者的報酬其實並不優渥!)買下拍攝電影的權利,這位製片購買的

是專屬選擇權。她買下拍攝電影的權利，但也是延遲拍攝電影的權利，直到她準備好，也可能永遠不會拍。但當她擁有選擇權之際，也使其他製片無法拍攝這部電影。

還有另一種實際的選擇權，稱為「轉換的選擇權」。轉換的選擇權實際上是對一項計畫或商業活動按下暫停的權利（例如，因為市場上的政治或安全情況惡化），等到達到若干條件時，才會繼續進行。

▌放棄的選擇權

第三種選擇權是放棄的選擇權，也就是在某個時間點或某些條件發生時撤銷計畫。員工試用期是放棄選擇權的實際範例，比方說賽門僱用茱莉亞為新的 3D 列印機操作員，雖然賽門對 3D 列印的可能性感到振奮，但他不確定是否能以此建立成功的事業，因此賽門在僱用合約中增加 90 天試用期的條款，在這段期間，僱傭關係將由賽門自行評估和確認。在整個試用期內，賽門擁有放棄的選擇權，即中止僱傭關係的能力，而不會對他自己或公司造成任何代價。提供員工短期合約的派遣公司也擁有類似的彈性，放棄的選擇權遠比一般要解僱員工更容易行使。[4]

回到之前提過的百貨公司案例，想想提供線上購物免運費和免費退貨的公司。如果消費者覺得產品不適合或不滿意，公司實際上提供消費者在指定時間內（通常為 30 日或 60 日）免費放棄產品的選擇權。在某些情況下，如果你決定不要產品，公司會要求你支付退還商品的運費。你取得的正是「賣權」，以換取在家中舒適地試穿產品，或是和其他飾品一起試穿的選擇權。你支付的是以雙方同意的價格，將產品賣回給零售商的權利，只需扣除運費成本。為了能夠在家中擁有這些商品，你同意接受可能不夠喜歡，而必須付錢退貨的可能性。

將選擇權最大化

領導者的其中一項目標是協助組織把選擇權增加到適當的程度。選擇權太多時，可能使你在試著做決策時無法行動；選擇權太少時，你可能被迫採取沒有用的行動。

我們常常給社會新鮮人許多建議，年輕人常面臨的兩難是，當他們還不確定自己的喜好，且強烈感受職場瞬息萬變的本質，該如何選擇第一個角色（或公司，或是產業）。在這樣的情況下，無論他們處在職業生涯的哪一個階段，我們都會鼓勵用選擇權來思考。在初期不確定性還很高時，我們鼓勵大家將未來選擇權的數量和範圍最大化，接受未來的可能性擴張，而非限制。舉例來說，這可能意味著在一間大公司接受管理訓練計畫，有機會在不同職務嘗試不同角色，包括金融、行銷、產品開發等等。畢業生藉由接受這樣的角色，實際上是取得了追求諸多未來工作領域的選擇權，而非受到限制。

關於壞選擇權的注意事項

我們建議在許多情況下將選擇權最大化，我們認為當不確定性升高時，彈性就是王道。但一如往常，這只在某種程度內是合理的。總是會有糟糕的選擇權，不是太昂貴，就是太複雜而不值一試。對我們來說，最典型的例子是旅遊險，這是昂貴的投資，而你能行使權利獲得賠償的能力，通常僅限於非常少數的情況。儘管旅遊險能為不便的情況提供金錢補償，卻無法給你當初最想要的東西，也就是一趟順利的旅遊，或及時抵達想去的地方。並非所有選擇權都是好交易，也不是所有選擇權都能提供你所要的彈性。

檢核表

如何聰明利用選擇權

☑ **清楚知道你所尋求的可選擇權種類**

思考選擇權的投資方法在其他情境下也有助益，要明確知道你想尋求的可選擇權種類：

⊙ 確定價格或情況（將價格增加的風險降至最低）

⊙ 等待與在未來某個時間點做決定的能力

⊙ 如果計畫不適合，中止新計畫的能力

☑ **準備為確定性和彈性付出的代價**

知道選擇權只成功了一半，決定你可能預備為可選擇權所付出的代價是另一半，還包括某人向你延展彈性所預備付出的代價。1,000 美元或許是在 3 天內買房子的合理金額，而 100 萬美元可能是保留你工廠旁邊空地 5 年，再決定是否要蓋新廠的金額。

☑ **利用成本與收益樹狀圖粗估總成本，評估不同情況下選擇權的價值**

實際的選擇權在概念上不只是選擇權，而是將選擇權的價值量化。一旦產生選擇權後，將選擇權擬定出來，並分配價值。

☑ **鞭策自己確保所採取的選擇權／保險是值得的**

在某些例子中，我們所採取的選擇權並不值得，像是過於昂貴的保險就是典型的例子，為可能不會發生的搶購潮另外雇用員工為其二，等待可能永遠不會來臨的工作機會為其三。你可以問自己：

⊙ 我真的會執行這個選擇權嗎？

⊙ 如果為自己買保險的事件從未發生，是否還會高興擁有這樣的保險？

⊙ 如果事件的確發生了，保險是否足夠補償我？舉例來說，在旅遊險的案例中，支付的金額或許能夠讓你抵達目的地，但無法修補錯過的假期，所以金錢可能不是重點。

進一步的例子：要買還是租？

當你開始注意，你會發現選擇權無所不在，購屋或租屋的選擇就是這樣的例子。假設一名未來的住戶有能力租屋，也有能力買下她選擇的房屋。她租屋時，就放棄了掌控房產，且放棄了房屋價值增加時，賺取資本收益的能力。但換得的是，如果房屋不符合她的需求，在近期內離開這個房產的彈性，即放棄的選擇權。我們假設她更進一步，簽訂每個月更新的租約，她可能支付多一點錢，但如果條件改變，她只要在 30 天前通知房東，即可搬離公寓。

班機或彈性？

機票價格的神祕世界充滿選擇權的概念。如果你購買最低價格機票，得常常放棄所有的選擇權，換來一張較便宜的機票。這包括延遲的選擇權（將班機更改至其他天或其他時間）以及放棄的選擇權（取消班機可獲得退費）。購買「彈性價格」的機票讓會你獲得這些選擇權，但有其代價。

某些航空公司為飛行常客提供所謂的保證機位，這項保證代表承諾飛行常客能夠在該航空所有航班上獲得座位，即使飛機滿載。航空公司實際上給予你在任何班機上獲得座位的永久選擇權，感謝你的忠誠度及之前的（和他們所希望未來的）消費。你會發現，執行這項選擇權可能導致另一名沒有此選擇權的乘客立刻被踢出班機。

空檔年

美國前總統歐巴馬（Barack Obama）的大女兒瑪麗亞（Malia Obama）在 2016 年躍登報紙頭條。白宮當時宣布她將在開始念大學前，有

一年的空檔年。空檔年即年輕人可以在這段期間旅遊、工作或擔任志工，可視為一種延遲的選擇權。學生選擇的學校給予學生比原本計畫晚一年的時間入學（也是一種延遲的選擇權）。在這種情況下，選擇權是單方面的：在同一時間內，學生仍有選擇權試著進入另一間不同的學校，或甚至決定她完全不適合繼續求學，而毫無代價地行使放棄的選擇權。

關鍵要點

　　擁有在未來採取行動的選擇權（但非義務）頗為寶貴，尤其是身處在快速變化，難以預測、形塑或影響的環境中。放眼所及，選擇權無處不在。了解與重視選擇權是抵禦未來種種情況的重要技能，你的目標應是創造選擇權，且明智地加以運用，使未來的決策臻至理想。請記住：真正寶貴的選擇權幾乎都附有代價，以今日的選擇權來思考未來的選擇，每一個選擇權也都附有代價。

第11章

創造誘因
激勵所有人做到最好

給我誘因，我就能給你成果。

——**查理・蒙格**（Charlie Munger），現任波克夏海瑟威公司的副董事長

　　動機不一致是組織和關係失衡的最大原因之一，如果你想達成偉大成就，就要確保使所有人的動機一致。

　　重點是，你的利益和別人的利益不同，而沒有人像你一樣那麼在乎自己的利益。我們到目前為止已討論過該做什麼，如何表達且塑造問題，並找出正確執行的工具。在本章，我們轉向如何做的問題，這將使你完成重大之事。為了完成任務，了解誘因是重要的基礎。

▌ 激勵所有人做到最好

　　好幾年來，你的朋友和配偶感情不佳，他們沒有激烈爭吵，只有因數十年的相處，累積了對彼此無法掩飾的輕視。你的朋友向一名律師詢問，她是否應該展開離婚訴訟，或是進行婚姻諮商。律師指出，離婚訴訟既冗長又昂貴，但卻強烈建議你朋友採取這項行動。

　　你正在賣房子，房子登記售價為 40 萬美元。房屋推出市場的第一週，你收到 39 萬 5 千美元的出價，而且知道還有另一位買方可能會出價 41 萬 5 千美元，但這位想購屋的買方還需要幾個星期整理所有相關文件再出價。你的房仲強烈建議你接受 39 萬 5 千美元的出價。

　　你是一間大型醫藥公司的執行長，且即將要退休，你的薪資組合和公司的股價表現有關。你知道公司最新藥品的試驗結果不佳，你可以決定是否現

在揭露這些負面結果，或是讓下一任執行長在 6 個月後揭露，但是你完全了解投資人（更別說醫師和病患）現在就知道這個藥不太可能成功，會比較有益。但是你拖延了，所以揭露訊息就成為下一位領導人的問題。

這三個都是誘因不一致的案例：如果你和配偶復合，你的律師就沒有生意；你的房仲只獲得整體售價的相對小比例金額，所以他們寧願現在接受較低出價，也不願多等幾個星期，讓你賺更多錢；對醫藥公司執行長有利的事，卻對投資人或公司不利。觀察任何組織和關係，到處都能發現誘因不一致。問題是，這樣的不一致可能對至少一方代價非常龐大，且隨著時間過去，將降低對彼此信任、合作與完成任務的能力。

▎道德風險

你身邊所見的大部分關係失衡來自兩種動機不一致[1]，第一種是道德風險。如果知道所承受的負面影響有限，你會冒什麼險？這個問題的答案包括道德風險的問題：我們感覺不受後果影響時，會更加冒險。舉例而言，如果你知道自己保了竊盜險，可能會稍微粗心把手機或筆電留在咖啡廳的桌上，或是這些裝置其實屬於公司，反正自己也不用賠。2007 年起吞噬美國與最終吞噬全球金融市場的次貸危機，就是此現象的更大案例。回想起來，很容易看出許多借貸者不太可能有還債的能力。對放款人本身，以及將借款和所謂抵押擔保證券的複雜衍生性商品掛勾的金融機構，這個風險並不重大。多年來，有許多買家願意借款，放款人和中介機構也有許多機會獲得巨額收益。對交易這些金融產品的華爾街個別交易員而言，對他們不利的情況相當有限：最糟糕的情況是他們會丟掉飯碗，最好的情況是他們一定會賺取龐大的金錢收益。這些工具創造的系統性風險和他們無關，這不在他們誘因的

考慮範圍[2]。當人們不受其行為所產生後果的影響，且有機會享有實際的利益，道德風險就會存在。

代理問題

第二種是代理問題。當一個人或實體（代理人）得以代表另一人（當事人）採取行動，就會產生代理問題。代理人在這樣的情況下，會將當事人的最佳利益銘記於心，且據此行動，這似乎是合理的看法。然而，代理人經常擁有眾多相互衝突的壓力，而使他們不這麼做。舉例來說，一名金融顧問推薦來自其組織的產品，而非其他產品，是因為這的確是最適合客戶的產品，還是因為這麼做，會獲得額外的佣金？[3]

本章一開始的範例中，律師強烈要求離婚訴訟，是否是因為律師一定會因建議正式離婚而獲得金錢利益？這點幾乎無法得知，就連律師本人也不知道。但是，一旦我們了解誘因，就有機會「構思誘因」。

想像一下你可以選擇成為投資銀行家（起薪為 10 萬美元，外加獎金）或是業務員（起薪為 6 萬美元，外加獎金）。

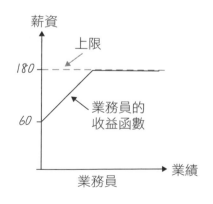

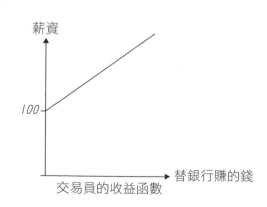

從表面價值來看，成為銀行家更具吸引力，這不令人意外，畢竟你的固定薪資高出 4 萬美元。現在看看獎金的部分（某些機構稱為「績效獎勵」）。業務員的獎金有上限，不能超過起薪的兩倍。獎金上限有其道理，能避免佣金吃掉太多的利潤，但也可能造成反效果。我們假設這位特定的業務員特別具有說服力和效率，到了九月，她已經賺得 12 萬美元的佣金。在本年度最後一季，她必須每天來上班，否則會拿不到薪資。但是她也沒有誘因去拜訪客戶、開發新客戶，或是達成額外的業績。

現在想想投資銀行家的部分。和我們的業務員一樣，她無論如何都會獲得 10 萬美元薪資，只要她一直有去上班。但她的獎金無上限，且和自己與公司整體投資的短期表現有關。從誘因的觀點來看，更糟的是，她的成功有非常大的一部分是運氣和時機在整體經濟循環中的作用。在這樣的情況下，銀行家的動力是冒著越來越大的風險，但不利的部分有限，而有利的部分理論上相當龐大。銀行家最糟糕的情況是沒有獎金，這點不太可能，且有鑑於她一定會獲得 10 萬美元，這樣的結果依然不差。整體金融市場喜歡穩定、安全的長期投資，並確保資金順暢、有效率，但系統中許多行為者的動機結構和這個目標完全衝突。的確，誘因的不一致和對短期表現勝過長期穩定的欲望，被認為是 2008 年與 2009 年全球金融危機背後的因素之一。支付大筆預付費用的連動式投資產品最終造成長期損失的現象，也就是 IBGYBG 這個縮寫的意思（I'll be gone, you'll be gone，亦即我會脫身，你也會脫身，然後人去樓空）。

構思適當的誘因方案

我們希望幫助你因應挑戰，以下羅列出一些誘因方案的結構。

誘因	使用時機	範例情況
金錢報酬（例如根據績效而定的獎金）	當希望的結果可以衡量、和報酬的多寡有關，且內在動機有限（人們不會免費這麼做）	· 電話行銷的業績
金錢懲罰（例如，無績效或違規的罰款或減薪）	當希望的結果可以衡量、和懲罰的程度有關，且對損失的反感會產生動力，但反彈的風險不高，以及當懲罰在社會上是可接受的	· 維護工廠的安全 · 每次發生違規行為，團隊的獎金就會減少
非物質獎勵（例如，電玩遊戲點數）	當希望的結果可以衡量、和點數制度有關；當金錢獎勵成本太高，或在社會上不被接受	· 健身挑戰與網路學習模組 · 捐款與贊助等級
社會給予的證明（例如，讚美與肯定）	當希望的結果難以衡量、或無法和任何獎勵有關；內在動力不足（沒有肯定，人們不會去做）	· 參加公司活動（例如，舉辦節日派對）
身分一致（例如，將希望的行為連結至最佳的自我感覺）	當希望的結果難以衡量、或無法和任何獎勵有關；內在動力強大（人們願意免費、沒有讚美而去做）	· 指導與支持年輕員工

檢核表

如何拆解誘因

☑ **分析個人的誘因，尋找不一致的跡象**

人們採取行動的誘因為何？這些誘因是否與合作者的誘因相符？是否有讓他們「鑽制度漏洞」的方法？

☑ **利用對損失的反感**

比起獲利，人類對損失的可能性更敏感[4]。舉例而言，獎金可以設計為，業務組會在一月一日拿到最高獎金，但如果損失客戶，或無法達到目標則會扣除獎金。

☑ **找出不同選項，運用相同的資源**

舉例而言，員工薪資取決於績效，取決的程度應為多少（例如，商品準時送給顧客）？你會使用什麼衡量制度？如何避免不一致？

葛哈德法則（Goodhart's law）

我們已經看到，誘因可以重新制定，幫助我們對局勢做出明確的評估。但是，如果你的誘因（無論是多麼善意的）完全沒有達到目標，該怎麼辦？這就要提到葛哈德法則，這個專有名詞是以創造該詞的英國央行前官員的名字命名的，指的是一種現象的因應措施會導致結果失真，以至於措施不再有用。或者，正如葛哈德自己所說的，「當措施成為目標時，它就不再是好措施。」[5]

把蛇趕出印度

　　為了說明這一點，我們來看英國人試圖把蛇趕出印度的故事（也就是「眼鏡蛇效應」，Cobra effect。指的是針對某問題的解決方案，反而使得該問題惡化）。英殖印度當時面對眼鏡蛇的侵擾，連大城市也遭殃，這種情況顯然是當局不樂見的。英國人轉而採用了可以料想的「解決方案」，祭出賞金、獎勵打蛇。印度人民若拿死的眼鏡蛇交給當局，可以按死蛇數量獲得賞金。從表面上看，這種方法說得通：讓社區共同承擔該問題的責任，給他們提供了減少問題的誘因，而且你需要證據（死蛇）來證明實際上發生了變化。這種情況與許多情況一樣，該政策實際上產生了與預期變化相反的結果。因為最後，印度的眼鏡蛇反而越來越多。

　　怎麼會，而且為什麼呢？人們透過改變投入的方式，來回應結果（產出死去的眼鏡蛇）和誘因（獲取一些錢），這些積極的大英帝國子民開始繁殖更多的眼鏡蛇。當然，這使他們更容易獲得誘因，但完全顛覆了英國政策的最終目標。英國政府意識到他們造成的局面一發不可收拾，所以終止了支付賞金的政策，但又被不一致的誘因困擾。他們共同面對相同的問題（眼鏡蛇太多），期望的結果也是相同的（更多死的眼鏡蛇），但是現在的誘因已經改變了（殺死眼鏡蛇沒錢可拿）。結果，人們確實停止繁殖眼鏡蛇，但是他們也釋放了所有的蛇，因而加劇了英國人一開始想著手解決的問題。

　　你可能已經在組織和團隊中看到多個範例，說明這類誘因問題是怎樣產生的。可能是一項嚴格的政策，要求員工坐在辦公桌前，直到下午五點半才能下班，但卻分不出員工是在協助其他客戶，還是在上網為寵物購買萬聖節服裝。可能是報酬結構讓業務人員簽下新客戶後可以獲得豐厚的獎金，但並未為替業務維持第一次銷售後的客戶關係，再創造任何誘因。

為什麼理性誘因會失敗

這時，我們當中會有一些人感到絕望，舉起手宣布：「所有誘因都無可避免與預期不一致，對問題制定措施只會使事情變得更糟，造成到處都是蛇。我們能做什麼？」在複雜的世界中，我們絕對可以做的，就是開始審視人類的行為，並了解人們是如何被激勵，因而採取行動的。

披薩、錢和簡訊

我們從大英帝國統治下的印度，轉移到現今以色列半導體的工廠中。杜克大學著名的行為經濟學家丹・艾瑞里（Dan Ariely），他的實驗室是我們覺得名字取得最好的：進階後知之明中心（The Center for Advanced Hindsight）。各地老闆都熱衷於了解如何激勵生產線工人、提高生產力，在相同的時間內生產更多產品。[6]艾瑞里將員工分為四組：

⊙ 對照組（之後再對這群人進行介紹）：像以前一樣繼續工作。
⊙ 有一組在達到某些目標時，可以拿到披薩券，這是假設人們在一定程度上受到免費食物的激勵。
⊙ 有一組因實現某些績效目標，獲得現金獎勵。
⊙ 有一組如果達成目標，會收到主管的祝賀簡訊（像是「做得好」或「太棒了」之類的話）。

想一下，預測看看，哪些組提高了生產力？哪個組的生產力進步最多？有一派認為，第三組的生產力應進步最大，因為人們對金錢誘因有所反應。假設工廠工人可以增加產量，他們就會這樣做。披薩可能有點用（因為有免

費披薩可以吃，也許午餐就不用花錢了）。但是，由於並非每個人都喜歡比薩，也不是每個人都一直喜歡比薩，因此它的效果應不如現金。

然而，真正的情況是這樣的。在第一天，比薩是最成功的激勵因素（也許我們都喜歡免費的午餐）。但是，一週之後，最強烈的激勵因素是老闆的讚美簡訊，擊敗了披薩和現金。

這項聰明設計的研究裡有幾點值得欣慰[7]。首先，這顯示我們是很有影響力的社交動物：他人的回饋會給我們極大的激勵，並且影響我們的表現。其次，在職場甚至在生產線上，激勵措施也可能與冷冰冰的現金或數字無關。相反的，我們可以純粹透過認可和讚賞，來激勵他人有好的表現。第三，我們有時陷入這樣的陷阱，以為誘因和動機必須是零和遊戲，牽涉到資源（通常是金錢）必須從雇主轉移給員工。

在設計誘因方案時，組織投入了大量的時間、精力和擔憂，認為這些方案能夠使組織用最小的誘因報酬，將績效和生產力最大化。艾瑞里的研究顯示，誘因（在這種情況下是稱讚）可以是完全免費的，也可以是成本非常低的。這樣的讚美實際上可以長期維持誘因的一致性：

⊙ 企業主有誘因確保管理階層注意績效，同時把建立績效的成本降至最低。
⊙ 管理者被「吸引」去注意員工的表現，而且要明確地辨識和欣賞員工有好的表現。
⊙ 員工有誘因向管理階層證明他們至始至終在實現目標，並有被他人看見和欣賞的情感願望。

檢核表

如何把非理性誘因轉化為優勢

☑ 今天發出讚美人的簡訊

這是我們最容易部署的策略之一，而且回報率最高。拿起你的手機（我們知道就在你身邊），並向別人發送讚賞的簡訊。正如我們發現的，簡訊內容不需要複雜或詳細。試試看發出以下內容：「我重視你給組織帶來的東西」；「我很高興你能加入我們的團隊，我只是希望你知道這一點」；「謝謝你所做的一切。」

☑ 養成習慣

在你的日曆中添加注意事項，每天發簡訊給一個人，以表示感謝。也許你在一個小團體裡工作，擔心重複說讚美的話惹人厭煩。不用擔心，請記住艾瑞里研究中工廠的工人，這些簡訊長期下來，還是持續發揮作用！

☑ 訓練你的團隊

我們建議你，如果你每年花費一小時訓練所有管理者，則應該讓他們學會給予清楚、真心和定期的讚美。你可以留出一個小時來讚美你的團隊嗎？你可以把這個方法推薦給組織中的其他領導者嗎？

▌ 關於外在動機的注意事項

除了蛇和比薩的例子之外，關於使用誘因來創造外在動機方面，有幾點要注意。外在動機是由外在獎勵所驅動的動機：金錢或名聲是兩個很好的例子。顧名思義，內在動機來自內在。我們做事情的內在動機，是因為它能滿

足我們自己。內在動機的行為是無論別人怎麼想，我們都會去做的。實踐內在動機的行為通常會更容易，因為我們非常想要去做，它們也往往是複雜的行為（例如，幫助他人，堅持困難或複雜的任務）。

身為領導者，可能會傾向添加外在動機鼓勵人們做某事。當你需要快速的結果時，可能會特別想要這麼做：「我們需要更多的資深主管來指導初階的女職員」；「我們必須讓使用者花更多的時間，對我們的軟體進行進階和複雜的測試！」我們傾向低估他人的內在動力，反而假設必須付錢給他們接受這種挑戰。但是，其他人就像我們一樣，也渴望做得好，或者在工作中遇到有趣的挑戰和正面的關係。[8]

事實上，一項學術型的綜合分析對此提出了警告。心理學家愛德華·L·德西（Edward L. Deci）和他的兩名同事分析了 128 項研究，並得出以下觀察結果：[9]

⊙ 提供金錢獎勵會破壞我們進行內在獎勵任務的動力（例如，我們覺得有滿足感的事物，像是完成困難的拼圖），這稱為「排擠效應」（crowding-out effect）。

⊙ 對於複雜的認知任務，需要花費大量心思，但又讓人覺得非常值得的事情，這種排擠效應最強。

⊙ 象徵性獎勵（例如禮物或公司獎勵）不會像金錢獎勵那樣具有排擠效應，象徵性獎勵實際上可以改善內在動機。

⊙ 當外在獎勵很明顯時（例如大筆的年終獎金），排擠效應最大，因為會被視為要控制人們行為的方式，要求人們以非常特定的方式來執行任務；或與截止日期、監督或威脅有關。

關鍵要點

　　誘因是激勵個人採取行動的工具，不一致的誘因是造成世界發生衝突和生產力喪失的主要原因之一。但是對於預期結果、相關投入和誘因系統的設計，事先進行仔細的思考，有助於預測和避免道德風險、代理和協調等常見問題。注意無效的誘因機制，並記住內在動機可能會幫助你，讓績效更好、維持更長久。

付諸實行
預期、執行和改進

> 只是想像而不去行動，是沒有意義的。
> ——**卓別林**的手稿筆記

如果不能有效執行，那麼目前為止你所做努力都是枉然。有效地計畫、組織和執行你的工作，本章會幫助你實現想法。我們希望這樣的指導在你碰到下列情況時會有幫助：

⊙ 設定新年（或新的一週，或新的一天）的目標
⊙ 開始新的專案
⊙ 為團隊建立共同的目標
⊙ 試圖使專案重回正軌
⊙ 反省已完成的專案或任務

▎預期、執行和改進

每年大多數國家的成年人都要報稅，這是一件不難，但很煩人的事，不過一定要做。我們每年都要做，所以應該大致知道報稅需要多久時間，對嗎？

錯了！研究人員發現，受試者報稅要花的時間，比估計中長了約一週。並不是他們記錯去年花了多久時間，其實，他們能準確回憶起之前的經歷。他們只是非理性樂觀地認為，今年會有所不同。報稅就是執行失敗的例子：當我們知道，我們應該在合理的時間內，卻沒有做到我們應該做的事情。這

也是**計畫謬誤**的例子，是一種妨礙行事的心理偏見。

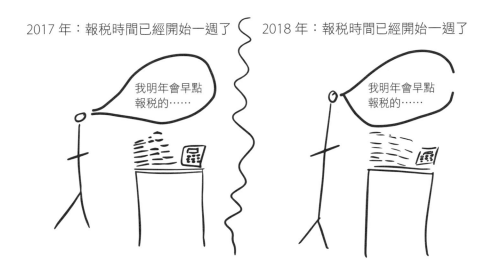

一步一步實現

我們談過如何調整激勵機制，確保各方朝同一方向邁進。在前文，我們討論過使用敏捷和實驗方法來驗證你的想法，並測試可能方法的假設，這些方法很重要。現在，我們想提供你一些不同的工具，並讓想法成真。

本章要做的與之前內容有些不同。我們希望，你已受到了啟發和鼓舞，可以把我們與你分享的工具付諸實踐。在這裡，我們要分享讓我們和無數友人及同事改變成真的技巧。這些力量一同構成了我們所謂的「改善循環」（improvement loop）。

- 行動前：透過避免計畫謬誤，做出有效的事前承諾，辨識出關鍵的行動路徑，準備改變。
- 採取行動：管理工作，實現改變。
- 行動後：反思你的成果，以便下次做得更好。

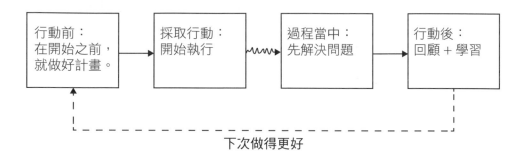

行動前：
在開始之前，
就做好計畫。

採取行動：
開始執行

過程當中：
先解決問題

行動後：
回顧＋學習

下次做得更好

行動前：準備就緒，把事情做好

　　我們為改變所做的許多努力，也許大多都失敗了。諸如新年新希望之類的個人努力，以及對公司轉型的組織整體努力，情況都是如此。原因很多，而且很複雜，其中一個普遍的原因是缺乏準備。你可以透過有效的準備增加成功的機率。當然，有多種工具和工作管理軟體可以幫助你。如果你在這本書已經學到了東西，你可能有了一套適合自己的準備方式和技巧。我們希望再提供你一些值得更多人知道，卻鮮為人知的想法。

　　制定和執行成功計畫的第一步是要記住，計畫可能過於樂觀，在這個階段又再度遇到計畫謬誤。對於我們做出改變的能力以及可執行改變的速度，我們過於自信了。這就是為什麼，我們在一月一日打算到情人節時，可以減肥 10 公斤，或者在一週內為我們的團隊開發出一種新產品。我們實際上很

喜歡計畫謬誤，它反映了人類的樂觀態度，但這也阻礙我們的發展，讓我們錯過了截止日期，並使專案超出預算，導致失望和挫折。還記得剛才報稅的故事嗎？你可以採取什麼措施，防止自己因計畫謬誤而延誤？

　　你可以過度補償：估算做某事可能需要的時間，並增加（大幅的）緩衝範圍。自從阿莫斯・特沃斯基和丹尼爾・康納曼在 1979 年首次發現心理謬誤以來，研究顯示，**計畫謬誤是幾乎不可能避免的，總免不了會發生在你我身上**。因此，如果你估計設計新的市場研究可能需要一週的時間，請改為試著把時間拉長一倍。[1]

▋ 了解和想像關鍵路徑

　　最有價值的執行工具之一，是了解專案的關鍵路徑。專案通常由許多不同的活動組成，其中許多活動是並行的，因此你可以同時在不同的活動上有所進展。為了保留整個專案的原始期限，了解關鍵路徑會大有幫助。因此，首先要籌畫好步驟：

- ⊙ 要完成專案，就必須完成的所有項目
- ⊙ 項目必須完成的順序
- ⊙ 每個任務所需的預估時間，包括等待時間

　　你是如何找到關鍵路徑的？關鍵路徑是需要最長的時間才能完成的（並行）路徑。以下用建造房屋為例：

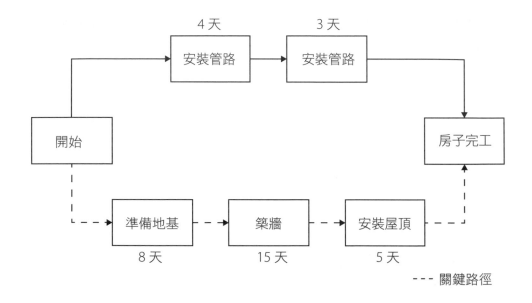

--- 關鍵路徑

你可以把關鍵路徑視為花費最長的路徑，估計從開始到完成的整個專案時間（上述案例為 28 天）。這麼一來就能幫助你確定優先順序。

要特別注意前置時間較長的活動（這些活動需要儘早開始，因為即使實際所需的心力並不多，也要花費大量時間安排或協調）。在專案時間表中及早解決這些問題，以免耽誤整個專案。例如，務必先找土木工程師，以便他們可以準備規劃地基。先聯絡水電工沒有太大幫助，因為這些活動不在關鍵路徑上，延後這些活動對於整個時間表不會造成太大的影響。

▍採取行動：事前驗屍法

你已經設計了關鍵路徑，分配了資源和責任，現在是推行專案的前一

晚。你會怎麼樣？你會想到失敗，這是當然的！我們最成功的專案與不太成功的專案差別之一是，我們特別在意可能出錯的地方（這一點也是最成功的同事與不太成功的同事之間的差異）。即使是很小的專案，我們也鼓勵事前驗屍法（the pre-mortem），這種評估方法是有條理地去考慮可能導致專案失敗的因素。至於我們的事前驗屍法，是用以下問題提前幾個月預測專案會失敗：

⊙ 哪裡出了錯？
⊙ 情況都不好的第一個警告信號是什麼？
⊙ 情況都不好的第二個警告信號是什麼？
⊙ 誰試圖警告過我們？
⊙ 為什麼我們沒有注意到這些警告信號？我們是否太忙、過分樂觀，或壓力過大？

　　問自己這些問題很有幫助。但是，正如你記得第一部分的內容，我們常常因為想法和專案是自己想出來的，因而過於執著。如果可以讓值得信賴的朋友或顧問，或者組織中完全不同部門的主管來提醒你，那就更好了。

▌ 管理計畫

　　準備關鍵路徑可幫助你弄清楚該怎麼做，但是有時需要一些幫助，確保你確實做到了。我們發現把「執行者」與「追蹤者」分開來，非常有用。對於所有重要的工作，建立專案管理辦公室（Program Management Office，簡稱 PMO）也很有用。在我們分享過的這些重大概念中，這個方法聽起來

似乎最沒有吸引力，但卻至關重要。專案管理辦公室職責在追蹤專案或工作的績效，並提供客觀意見，同時還能建議改進的方法。基本上，專案管理辦公室的工作是能夠隨時回答以下問題：

⊙ 我們正在實現計畫嗎？換句話說，我們依照進度，到最後一定會按時達成嗎？
⊙ 我們是否適當地使用我們的資源？換句話說，我們是否處於符合預算或控制在預算之內？
⊙ 接下來會發生什麼事，哪些事會傷害我們？換句話說，我們哪些地方面臨風險？

請注意，專案管理辦公室通常不負責執行計畫中描述的任何事情，這正是重點所在。它們提供了獨立和歸咎責任的衡量標準，正是因為它們不是執行者。在大型組織或大型專案中，你可能會發現項目管理辦公室部門裡都是商業分析師、變更管理專家和財務會計師。但是，這個部門不用如此密集都是這些專業人士。

你的專案管理辦公室可以是一個人，也可以只是一個人擔當的角色之一。關鍵是，你把他們設定為客觀的述說真相者，有權蒐集資料，並針對以上三個問題求出答案。專案管理辦公室等於是本書前兩部分談到追蹤者功能的簡化版本。

以上情況，你會注意到專案管理辦公室不是一個人，而是一個工具。賽門和茱莉亞在即時監控自己，確保他們對於正在發生的情況一目瞭然。你可以在上圖上看到，他們可以立即看到「完成」的部分（第三章），所有章節目

章節	進度更新	下一步行動	下一個工作的截止日期	直到下一個截止日期的天數	負責人
0	第二稿完成	開始最終修訂	10 月 1 日		賽門
1	初步研究完成	準備初步大綱	9 月 15 日	（延遲）	茱莉亞
2	初步大綱完成	準備初稿	9 月 25 日		茱莉亞
3	最終修訂稿完成	本欄不適用：準備交稿給出版社			賽門
4	初稿完成	準備第二稿	9 月 30 日		茱莉亞
5	簡單大綱完成	準備初稿	10 月 17 日		賽門

前的狀態和下一步的行動，以及辨識出進度落後的部分（第一章）和靠近截止日期的活動，並需要確認接下來投入足夠的努力（第二章）。

創造反思的空間——向後看：嚴謹的決策流程

當你自己或團隊實施了我們建議的行動計畫，並且開始獲得前後一致、

可預測的結果之後，你很可能認為事情大功告成了。但是，真正有效的決策者和解決問題者不會就此止步，他們會多做一步。

正如本書開頭談到的，在做出決定之前，進行穩健的分析是很好的起點。但是你應該期望分析的品質會隨著時間漸漸提高。確保這種情況發生的方法是，用同樣嚴謹態度從你的決定當中學習，就像你一開始做出決定時那樣嚴謹。沒有人可以控制所有的事情，決策者也不可能擁有他們想要的所有知識來做出決定。決策查核可幫助你對成功和失敗的結果進行系統性的回顧，同時弄清楚每種驅動因素。貝恩策略顧問公司（Bain & Company）合夥人瑪西亞·布蘭科（Marcia W. Blenko）和她的同事在《哈佛商業評論》中寫道，「最終，公司的價值只是其制定和執行決策的總和。」[2]

▌ 高風險的決策查核：併發症與死亡病例討論會

很少有專業人士像醫學專家一樣時常得做高風險的決定。每位新患者都代表一連串的決定：要問哪些問題、要相信哪些答案、要做哪些檢查、建議哪些治療程序、要讓患者住院或出院，以及是否向其他專科醫生會診，要做出什麼診斷。

醫生也是人，他們也會犯錯，有時會造成嚴重的後果。當此類錯誤發生時，醫界已建立了專門的論壇來反思此類事件，稱為「併發症與死亡病例討論會」（Morbidity and Mortality Conference，簡稱 M & M），這個會議讓醫生聚集在一起，提出患者有不良結果的案例，並透過討論和分析，從當中吸取經驗。現在，這種做法已被廣泛採用，尤其是在大型教學醫院。

血液腫瘤學家維奈·普拉薩德（Vinay Prasad）在《英國醫學雜誌》（British Medical Journal）上提到併發症與死亡病例討論會：「從哲學上來

看，這種會議可以理解成一個論壇，提出所有醫師儘管盡了最大努力，但是遇到有不良結果時，都會面臨的永恆問題：當初我還能用不一樣的方式來處理嗎？」[3] 同樣這種反思的目標應成為所有領域決策查核的基礎。賭注越高，為反思提供空間就更為重要。我們發現這些技巧對於任何結果的決策都是有用的。

我們的場景不是手術室和急診室，但是反思仍然發揮著強大的力量。一項針對客服中心員工的研究發現，在一天結束時花 15 分鐘反思，並寫下當天最有感覺的事，這樣的員工在經評測後，比未反思的員工表現好 23％。也就是說，做出正確決策的關鍵之一，就是反思過去的決策。[4]

讓決策查核替你效力

我們大多數人不會每天要做攸關生死的決策，但我們都得做出帶有後果的決策，並且都要承擔責任，無論是為別人的金錢、專案的成果，還是團隊的績效。在進行決策查核時，我們建議參考以下檢核表。

檢核表

如何回顧你的決定

☑ **你今天仍然會做出與過去相同的決定嗎？**
如果是，為什麼？

☑ **如果不是，則分析當中有哪些具體要素是不同的**
⊙ 費用是否超出預期？好處是否小於預期？

⊙ 在最初的決定時，如何發現這些分析差異？（例如：我們應該在繼續進行之前，向必要的供應商要求具約束力的報價，避免費用超支。）

☑ **其他人在類似情況下，是否也做了類似的決定？**
他們獲得什麼樣的成果？

☑ **其他人在類似情況下，是否做出不同的決定？**
他們獲得什麼樣的成果？

☑ **根據這個決策，我們應該對決策分析做出哪些改變？**
（例如，在估算投入資源的未來價格時，我們應該採取費用的範圍，而不是具體的數字。）

☑ **根據這個決策，我們應該對決策流程做出哪些改變？**
（例如，我們會向董事會提出不盲目行動的選項，以及當初不要投資某項設備，轉而把錢留在銀行。）

☑ **我們可以公開透明嗎？**
尤其當決策查核的結果不好時，分享結果雖然很不舒坦，但卻非常有價值，可做為整個組織的借鏡。

關鍵要點

大事不會憑空發生。但是，只要事前規劃、注意行動和事後反思，最重要的計畫就可以按部就班進行。計畫和執行的能力是一種經由學習得來的技能，會隨著練習和時間漸漸進步。團隊、個人和群體能透過有效計畫、良好地執行和適當地反思，例如關鍵路徑法、事前驗屍法和決策查核等技巧，增加成功的機會。

第13章

結論
接下來怎麼做

第一條規則是你必須具有多個模型，如果你只使用一兩個模型，
依照人類心理的天性，你會扭曲現實情況來符合你的模型。
此外，這些模型必須來自多個學科，
因為一個小小的學術部門無法涵蓋世界上所有觀念。
——**查理·蒙格**（Charlie Munger），現任波克夏海瑟威公司的副董事長 [1]

我們從 2014 年著手編撰本書，這一年，Google 收購了一流的人工智慧公司 DeepMind。兩年後，演算法打敗了世界圍棋冠軍，社交媒體技術平台更在美國總統大選中發揮舉足輕重的作用。

近幾十年，我們工作和生活的環境發生了巨大變化。一百年前，即使你生活在富裕的社會中，你的選擇也有限。你只能替極少數的雇主工作，此外，更受限於可以上班的公司數量和上下班所需的距離，當時節省勞力的技術還在基礎階段。你甚至會和同鄉或同個地區長大的人結婚。[2]

20 世紀末直到千禧年，情況完全相反。我們有太多選擇，而且主要的決策問題集中於「有各種可能」，如何才能做出最佳選擇。隨便走進一家沃爾瑪（Walmart）大賣場，各種各樣不同品牌的商品會讓你無法消受。以亞馬遜（Amazon）為例，該公司庫存超過 5 億種不同的產品。受過良好教育和流動性強的年輕專業人員可以在大型國際公司或組織裡工作，還能與在 2 萬公里外成長的人共組家庭。在這種環境下，要了解這些挑戰，需要一套工具來幫助我們從無數種選擇中，減少、專注和決定其中最有用的選項。

演算法制定決策的時代

如今演算法和數位系統儼然成為救星，幫助我們做出選擇，藉由多種方式就能做到。主要是利用我們過去的行為，以及與我們相似的人所透露的偏好，幫助我們篩選選項。以旅遊評論網站 TripAdvisor 為例，我們會聽從朋友的建議，去他們推薦的餐廳，這已經不是什麼新鮮事了。網際網路使分享和彙總評論或推薦變得更為容易。因此，即使理論上我們有很多選擇，我們最終還是預訂了推薦名單裡頭的餐廳。

這個世界很快就會被演算法主導，因為它們可以相當準確地預測我們想要什麼、喜歡什麼和下一步要做的事情。這些演算法蒐集的資料越多，預測的結果就會越精準。在不久的將來，演算法會知道要按下我們哪個心理（和情感）按鈕，好讓我們相信、想要或做某事，這些都不是科幻小說裡發生的事了。就其本身而言，這並不一定是壞事。畢竟，我們自願使用這些演算法，是因為它們為我們帶來了某種好處，減輕了我們篩選選項的負擔，並為我們提供最合適的選項；或者說，它們提供我們最有可能抓住的資訊。而且，它們不一定要做得很完美：只要比我們自己能想到的，做得更好就夠了。Google map 的路線選擇功能有時會把我們導航到死巷，需要再繞道而行，但在絕大多數情況下，Google map 帶我們走了最省時的道路，為我們節省了數小時、數天，甚至數週的生命。

還記得本書講過的誘因制度嗎？不難看出，誘因可能沒有完全一致：從業主的角度來看，演算法是實現目標的工具，例如銷售服務，或讓我們停留在網站上，這樣我們就可以暴露在廣告之中。在解決這些目標（例如利潤最大化）時，演算法提供我們建議（例如挑釁和分化人們的「新聞」），如果我們心胸開闊，就會權衡雙方的證據，形成平衡的意見，這時這些建議未必

符合我們為自己設定的目標。然而，我們對演算法的依賴可能會使我們受到操縱。

我們使用數位系統的次數越多，蒐集到的資料就越多。蒐集到的資料越多，就可以訓練出更好的演算法模型，並且演算法就越強大。這些演算法變得越強大，我們就更會將決策權委派給它們，然後問題就出在這了：當我們這麼做，我們放就棄了部分的自主權，變得更依賴演算法。由於資料的影響，我們變成大型科技下手的對象，大型科技增加了資訊的集中度，使我們更難以選擇退出，或轉換使用的科技。[3] 正如 Google map 在選擇最快路線方面，會比計程車司機更好，我們會聽命於演算法來做出更重要的決定，像是我們閱讀的內容、約會的對象或投給某一位參選人。

我們在這裡強調技術的潛在危險，以及相關的問題，像是對技術的依賴、安全問題、偏見、不透明或「黑盒子的情況」。我們不談搜索引擎等演算法，以及它在物流或醫療保健領域所產生的極大福利。這些成就顯然值得讚許，但免不了會有風險。

本書介紹的心理策略不僅是有效的工具，更是反思我們成見、信念和偏見的方法。採取本書的詮釋觀點，你的見解就可以是解方，形成防止演算法入侵的「屏障」[4]。即使我們仍然是決策的最後決定者（在自治系統中，被稱為「循環中的人」），但我們實際上還是將權力交給了機器。雖然我們仍然有可能凌駕演算法提出的建議，但我們通常不會這麼做。

人們的思維和決策制定都面臨著激烈的競爭，因為現在還出現了機器演算法。但我們人類獨有的心理策略可以發揮檢查、備份和糾正的作用，使我們保持自我的獨立性和批判思考。

疆域的地圖 [5]

你現在已經知道，心理策略能解釋現實的各個部分，並提供決策的框架，這些模型可幫助你做出更好的選擇，並實現預期的結果。心理策略是描述「疆域」（現實）的「地圖」[6]。航海員使用地圖定位當前位置，並搭配各種導航工具、航位推測法（根據已知的先前位置來計算當前位置的導航方法）和地標的三角定位法 [7]（例如，山頂、港口、陸地建築物）。他們使用地圖做為簡化版本的副本模擬自己的位置，並不斷比較地圖與觀察到的現實狀況。

地圖必然是經過簡化的，不會強調與特定決策情況不相關的（觀察或證據）資料。例如，許多航海圖不會顯示海拔高度，而是將我們的重點和注意力轉移到相關資料上，例如水深。這麼做有其必要，因為我們的注意力和時間很寶貴，要建立和擷取（即讀取／處理）複雜的地圖相當耗費時間，而且所費不貲。

反思現有的模型

我們所有人都養成了一些心理策略，而且每天都在使用。這些策略可能簡單或瑣碎，例如你可以把筆等經常需要的物品放在抽屜的前面，而把那些不常使用的物品（如稅務收據）放在抽屜的後面歸檔收好。其他的心理策略可能更複雜且不確定，例如關於人類行為或自我認同的模型。你可能會認為人類通常是利己的，並且對自己所做的一切都有自私的理由，甚至看似無私的行為，背後也有自私的理由。如果這是你的疆域地圖，你往往會根據他人的個人動機、他人的利益和得失來思考。

重要的是了解你之前既有的地圖，並經常有意識地進行反思。你的地圖

仍符合實際疆域嗎？使用它們，你是否能夠對即將發生的事情做出準確的預測？以我們的航海員為例，你發現的實際島嶼是否記錄在航海圖中？如果不是，你是否應該對地圖失去信心，丟棄它，然後尋找更適合現實的地圖？還是，你應該調整地圖？同樣的道理也適用於心理策略。經常測試地圖，並對自己誠實。什麼時候該調整心理策略？什麼時候應該捨棄它，尋找更新、更有效的方法？

▌本書的心理策略摘要

　　本書為你提供精挑細選過的「最佳」心理策略，衷心希望它能為你的工作和生活提供寶貴的捷徑。如果你已逐章閱讀本書，你就擁有一個強大的工具，讓你蒐集證據，把事情串聯起來，制定解決方案，並更周到、更有效地完成任務。我們希望你繼續適應和練習這些策略，在不斷變化的環境下改善你的決策制定過程。

　　以下是每個章節的重點回顧：

部分	章名	關鍵要點
1	第 0 章 **你的問題是什麼？**	問題不會憑空存在，是我們主動選擇，對它進行描述。高明的決策者先問「零號問題」：眼下的問題是什麼？仔細想想問題如何被呈現出來：是誰描述的？他們可能獲得什麼好處？然後用力思考：就這個問題而言，重新定義是否比較好？它到底該不該解決？馬上？由我來解決？
	第 1 章 **看清盲點：** 承認自己有些事不懂，同時導正錯誤的信念	人類沒有先天機制偵測錯誤信念，也不擅長體認自己不知道的事。相反的，我們只會尋找確認原有偏見的證據，同時編造令人滿意的故事，來填補缺口。為了讓自己成為解決問題的高手，經常檢視自身的信念體系非常重要，而且要適度調整信心程度，努力練習變得更謙遜。

部分	章名	關鍵要點
	第 2 章 **打破偏見：** 看穿大腦的把戲	我們的大腦利用許多捷徑來引領我們生活，問題是這些捷徑多數適用於消失已久的環境，因此會在現代社會環境中造成偏見。就蒐集資料和證據而言，有三種偏見特別相關。首先，簡化與刻板印象。第二，太快接受似乎「說得通」的故事。第三，天生執著於自己擁護的信念。積極消除自己的偏見需要時間，但這是可以學會的。一切始於承認眾多的失真情形，心存警惕，以及練習刻意轉移至系統二思考的方法。
	第 3 章 **探索資料：** 蒐集資料、檢視和圖解，發掘關鍵見解	你用來進行分析的資料將決定結果的有用程度，以及是否有用。要確保你的資料品質優良，一定要提出假設，以理解資訊。記得注意離群值，看見資料的全貌（靠著檢視描述性統計資料，對資料潛在的分布形成觀點），這才是真正的見解。
2	第 4 章 **深入研究：** 用樹狀圖拆解所有問題	問題和資料通常複雜且混亂。樹狀圖提供了一種有用的方法，可以替你的思維增加條理，並提供有用的交流方式。樹狀圖可以幫助你把趨勢或動態分解為驅動因素，對彙整的數字去平均化，找出問題的根源，把演講報告、專案或休假加以組織整理。樹狀圖要求你考慮「彼此獨立，互無遺漏」，並允許你以更深入、更清晰的方式理解問題和資料。
	第 5 章 **加以調整：** 終將回歸平均值	我們的大腦會自動尋找資料中的模式，但是我們經常把實際上是隨機的情況硬看成模式。建立成效可靠的規則很不容易，特別是如果你只有一些觀測值做依據，如果情況受到運氣的影響，建立規則真的會不容易。為了克服回歸平均值，請考慮你觀察到的「成功案例」有多大成分可能是由於機運所造成的，要磨練反事實的推理能力（可能發生，但沒有發生的事情），並嘗試查找更多過去的資料點。

部分	章名	關鍵要點
	第 6 章 **整體概況：** 練習系統思考	系統是由相互依存的行為者或由項目組成的群體，結合成一個完整的整體，環境、社會團體和公司都是系統的例子。繪製系統圖時，通常會先確定因果鏈，例如 A 導致 B 導致 C。每當 C 對 A 產生（直接或間接）影響時，我們稱它們為回饋迴路。回饋迴路會導致突發行為，例如指數成長（增強迴路）或聚合（調節迴路）。根據你的目標，嘗試創造、改變或停止因果循環。系統思考能幫助你分析迴路，並找到最有效的干預點。
3	第 7 章 **邊際思考：** 注意下一個單位的效用	當我們做決策時，通常會考慮不相關的因素，例如過去發生的成本。我們經常陷入所謂「全有或全無」的陷阱，會考慮決策情況裡所有的好處和所有的成本，這會使決策變得複雜，且難以處理。對比一下邊際思考，它要求你只考慮與當前情況相關的變項。邊際思考的核心是經濟思考，因為經濟學總是假設制定決策時，是權衡額外好處大於額外成本所做出來的。邊際思考為理性決策提供了基礎。
	第 8 章 **積分計算** 以標準做出合理取捨	許多選擇乍看起來並不簡單。許多看起來很複雜或讓人壓力很大的決定，卻可以徹底地簡化。每個選項都有不同的優點和缺點，通常很難選出正確的選項。結構化的評分模型使你可以仔細考慮標準、權重和分數，並為你提供嚴格的評估方法。使用計分模型能讓交流和討論選擇變得容易，並使你獲得最有益的解決方案。
	第 9 章 **說到做到：** 實驗測試你的解決方案	你怎麼知道自己的解決方案是否有效？我們如何確保達到預期的效果？在了解因果關係時，我們通常會轉向猜測、模仿他人或用最佳做法，但是結果通常令人失望，因為最佳做法可能在某種情況下有效，而在其他情況下無效。透過實驗，你可以測試你的解決方案，並查出它們是否能通過現實的考驗。如果你可以隨機分組，對照組和實驗組的樣本量夠大，就使用隨機對照試驗（例如，A-B 測試）。如果只有一個受試者，則實施單一受試實驗。

部分	章名	關鍵要點
4	**第 10 章** **增加機會：** 以實質選擇權 提高成功率	擁有在未來採取行動的選項（但非義務）頗為寶貴，尤其是身處在快速變化，難以預測的環境中。放眼所及，選擇權無處不在。了解與重視選擇權是抵禦未來種種情況的重要技能，你的目標應是創造選擇權，且明智地加以運用，使未來的決策臻於理想。請記住：真正寶貴的選擇權幾乎都附有代價，以選擇權來思考未來的選擇，每個選擇也都附有代價。
	第 11 章 **創造誘因：** 激勵所有人做到 最好	誘因是激勵個人採取行動的工具。不一致的誘因是造成我們世界發生衝突和生產力喪失的主要原因之一。但是，對於預期結果、相關投入和誘因系統設計，事先進行仔細的思考，有助於預測和避免道德風險、代理和協調等常見問題。注意無效的誘因機制，並記住內在動機可能會幫助你讓績效變得更好、維持更長久。
	第 12 章 **付諸實行：** 預期、執行和改進	大事不會憑空發生。但是，只要事前稍做規劃，注意行動和事後反思，最重要的計畫就可以按部就班進行。計畫和執行的能力是一種經由學習得來的技能，會隨著練習和時間漸漸進步。團隊、個人和群體可透過有效計畫、良好地執行和適當地反思，例如關鍵路徑法、事前驗屍法和決策查核等技巧，增加成功的機會。

▌讓想法付諸行動

　　總結本書時，我們為你感到興奮。我們這些年來在蒐集和完善這些心理策略的過程中，經歷了許多「啊！原來如此」的時刻，我們希望你在讀本書時，也能跟我們一樣，有一些豁然開朗的感覺。也許你已經在工作或生活中目睹過這些心理策略，但卻不知道它多麼普遍。或者，在閱讀本書的過程中，你領悟到這些模型如何可以應用於你過去遇到的問題。

下一步是在未來的工作和生活中使用這些策略。我們邀請你，從今天開始應用這些概念。為了讓你著手開始，我們提供了以下建議：

⊙ 在接下來的四個星期中，以新問題為誘因，放慢腳步，參考本書。我們通常會急於解決問題，而不是退後一步，謹慎思考哪種心理策略最為適合。你要保證至少在限定的期間內，特意運用心理策略，請務必嘗試看看。

⊙ 花時間回顧和反思在特定情況下使用的心理策略，它是否達到了預期的作用？是否有助於更準確地表達你的信念？它是否支持你發現回歸平均值？它是否有助你辨識造成邊際差異的因素？

⊙ 找個問責合作夥伴幫你。找一個和你一樣致力於改善問題解決和決策能力的人。你們一起討論問題，彼此分享新的心理策略。[8]

⊙ 參考我們對這方面所建議的其他書籍和網站。請參閱本書結尾的建議資源，這些資料都為我們提供了極大的幫助。

　　這只是決策制定歷程的開端。連接和建立心理策略還得持續一生的努力，也值得追求，但相當辛苦。我們希望你開始累積自己的想法、概念、框架和工具，好幫助自己了解這個多變、不確定、複雜又模糊的世界。在過程中，要以在一般情況可以流暢地選擇、反思和摒棄的心理策略為目標，而不是照單全收。此外，還要不斷嘗試。

　　正如我們一開始所說的，本書可以從頭讀到尾，也可以當做參考指南跳著看，或是當成實戰手冊，或重要概念的入門介紹。本書也可以用其他方式重讀。我們希望你在會議前、人生中的轉折點，或面對某些使你傷透腦筋的問題時，能一次又一次拿起本書，並想到其中的心理策略。

▌讀完別忘了

我們工作中最有意義的部分是聽到有人實踐了這些心理策略，諸如他們如何使用選擇權來思考未來的決策；他們調整信念的方法，以及他們在思考問題時的「詮釋能力」。你現在是這個社群的一員，有越來越多的人精通於這些心理策略，並熱衷把這些策略應用到工作和生活中。歡迎加入，我們很高興你選擇了本書！

請造訪我們的網址 MentalTactics.com，並在推特（@MentalTactics）關注我們。我們等不及想聽你運用這些想法的感想。請與我們分享：

⊙ 本書的哪些概念引起你的共鳴？

⊙ 你實踐了哪些策略？你是怎麼做到的？

⊙ 你與誰分享了這些想法？

⊙ 哪些實驗對你沒有效？是否有單一受試實驗是沒有效的？（畢竟這些都是資料）

⊙ 你經常使用哪些心理策略是本書未列出的？

當你面對現實情況時，我們希望你思路清晰，嚴格分析、謹慎決策，同時大膽行動。

信心校準

　　第一章，我們談到了符合（和校準）信念的重要性。首先，我們的信念應該是不確定的，但這不是我們通常形成意見的方式。相反的，當我們對某件事深信不疑時，我們的本能會賦予它 100％ 的信心。表達對機率的信念需要練習，因為我們不會自動做這種事。

　　一旦養成習慣用機率來表達信念，你就應該校準信念系統，使你的信念變得可靠和有用。但是，你如何以系統的方式校準自己的信念呢？基本上，你需要回答一些問題，並為每一個問題提供主觀的信心程度。

　　範例問題可能像是：「聯合國有多少個會員國？給出 90％ 信心程度的範圍。」這個問題的答案由該數值區間的上限和下限組成，90％ 的信心程度意味著，如果你要重複與此問題類似的問題，則每 10 次只有 1 次答案會超出你指定的範圍。理性應用中心（The Center for Applied Rationality）推出了一個線上「可信校準遊戲」（Credence Calibration Game），包含許多類似上述的問題，讓你可以衡量自己的信心程度。[1]

　　另一種方法是列出一長串自己的預測清單。你多有把握，在某一特定期間內，會發生哪些事？寫下你預期在年底會發生的事情。在除夕前後的幾週進行這項練習。當然，你也可以選擇較短的期間，例如專案的期間、幾天的假期或其他時間區隔。在你記下預測時，請確認這些預測是二元式的，即可以用對或錯回答，或者簡單用是或否回答。此外，記下你的信心程度。清單

會像是這樣：

信念	信心程度？
沒有新的競爭對手會進入我們的市場。	80%
X 總統不會被彈劾。	90%
我們房屋的價值會漲 5%以上。	60%

進行這種信心預測時，列舉出你大量的信念，例如 50 到 100 件事情，並確保對每個信心程度有夠高的預測（即 80%信心程度的預測事件，至少要有 5 件）。

在今年年底，你可以重新審視自己的信念，並記錄信念是否正確。只需在表格中添加一欄，以表示預測是否正確。

信念	多有信心？	真的實現了嗎？
沒有新的競爭對手會進入我們的市場。		是的，競爭情況不變。
X 總統不會被彈劾。		是的，X 總統仍在位。
我們房屋的價值會漲 5%以上。		錯，我們房屋的價格僅上漲了 3%。

在記下各個預測的結果後，在圖表上繪製信心程度，辨別出自己過分自信或不自信的地方。從類似下面這張圖開始：

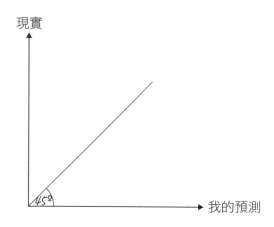

現實

45°

我的預測

　　這張圖是以視覺方式呈現你的預測，並與實際情況進行比較。把你所有的預測彙整到信心的「群組」中。從 50％的群組開始（即你對投擲硬幣時，不是正面，即是反面的信心預測）。這些預測中有多少成真了？把所有預測的百分比輸入在 y 軸上。

　　然後繼續進行下一個「群組」的預測：信心程度為 60％的預測。以類似的方式進行：看看你有 60％信心的所有預測或信念，計算這些預測與事實相符的百分比。在圖上找到該點，並標記。

　　繼續其餘的信心程度繪圖：70％、80％、90％和 100％（即完全確定會發生某事，或某事是真的）。

　　連接圖形上的點，然後把它們與「最佳的」45 度線進行比較。當點落在 45 度線下面時，代表你在這個信心水平上過度自信。當點超出這條線時，代表你信心不足。

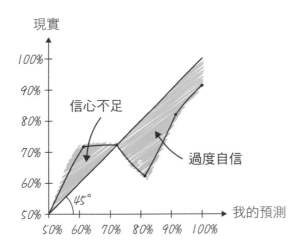

經常重複此練習，讓你對世界的信念可以獲得很好的校準，並挑戰過度自信的情形。你不僅可以使用這種方法來追究自己的責任，還可以校準專家和名嘴的可信度，比較他們的預測與事實結果 [2]。以下是賽門對 2017 年所做預測的圖表：

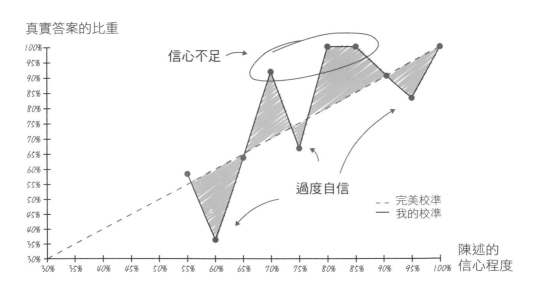

致謝

　　在這五年中，從構思到出版，要不是許多朋友和支持者的幫助，本書無法付梓。從構思點子、選擇最終出現在書中的心理策略、編輯的建議，到內文的指點，我們非常感謝大家給的每一個幫助。

　　我們尤其感謝：理查·查克豪瑟（Richard Zeckhauser），你具有感染力的好奇心和聰明才智，啟發了我們的出書計畫。傑恩·白克（Jieun Baek）和哈利·貝格（Harry Begg）幫助我們避免掉入新手作家會踩到的坑。著作等身的凱斯·桑斯坦（Cass Sunstein），感謝你慷慨的建議。我們的編輯艾露易絲·庫克（Eloise Cook）、大衛·克羅斯比（David Crosby）和妮可·艾格爾頓（Nicole Eggleton），感謝你們出色的編輯建議和沉著的耐心。瑪麗·特蘭德（Mary Trend），感謝你精闢的眼光和修正。另外，還有以下這些朋友和導師：John-Clark Levin, Craig White, Daichi Ueda, Alexander Goerlach, Johann Harnoss, Ofir Zigelman, Kevin Tan, Ben Hohne, Simon Hedlin-Larsson, Alex Bleier, Martin Guelck, Casper van der Ven, Denise Bailey-Castro, Stefan Woerner, Tom Lovering, Sek-loong Tan, Eric Gastfriend, Ben Scott, Arohi Jain, Christina Endruschat, Josh Cohen, Martin Reeves, Hannes Gurzki, Nico Miailhe, Lucas Ruengeler, Henry Alt-Haaker, Alan Iny, Maik Wehmeyer, Ambrose Gano, Stephan Wittig, Bjoern Lasse Herrmann, Benedikt Herles,

Todd Shuster, Charlie Melvoin, Tobi Peyerl, Cyrus Hodes, Friederike von Reden, Nicolas Economou, Pepe Strathoff, Jannik Seger, Paul Chen, Torben Schulz, Eliot Glenn, Todd Elmer, Steffen von Buenau, Daniel Jahn, Elias Altman, David Hecker, Olivia Maurer, Michele Lunati, Iris Braun, Tony Peccatiello, Balthasar Mueller, Greg Manne, Ulrich Atz, Ed Walker, Valerie von der Tann, Beth Macy, Nafise Masoumi, Viola Mueller, Lolita Chuang, Christian Waeltermann, George Lehner, Nina Gussack, Nina Shapiro, Nidhi Sinha, Jonathan Willen, Alex Golden Cuevas, Jan-Peter Boeckstiegel, Patrick Daniel, Mette Moeller Joergensen.

參考資料及注釋

專書資料：

1. 阿爾伯特·拉茲洛·巴拉巴西（Albert-laszlo Barabasi）和珍妮佛·凡高思（Jennifer Frangos）：簡體中文版《鏈接》（*Linked: The New Science of Networks*），出版社：湖南科技出版社。

2. 丹尼爾·康納曼（Daniel Kahneman）：《快思慢想》（*Thinking, Fast and Slow*）

3. 戴若·赫夫（Darrell Huff）著，艾爾文·蓋斯（Irving Geis）繪：《別讓統計數字騙了你》（*How to Lie With Statistics*）

4. 唐內拉·梅多斯（Donella H. Meadows）著，黛安娜·懷特（Diana Wright）編：《系統思考》（*Thinking in Systems, A Primer*）

5. 道格拉斯·哈伯德（Douglas W. Hubbard）：《如何衡量萬事萬物》（*How to Measure Anything*）

6. 鄧肯·華茲（Duncan Watts）：《為什麼常識不可靠？》（*Everything is obvious*）

7. liezer Yudkowsky：Rationality—From AI to Zombies (2015)

8. 喬丹·艾倫伯格（Jordan Ellenberg）：《數學教你不犯錯》（*How Not to Be Wrong*）

9. Kevin Simler and Robin Hanson: The Elephant in the Brain (2017)

10. Marvin Minsky: The Society of Mind (1986)

11. 麥可·莫布新（Michael J. Mauboussin）：《成功與運氣》（*The Success Equation*）

12. 納西姆·塔雷伯（Nassim Taleb）：《隨機騙局》（*Fooled by Randomness*）

13. 菲利普·泰特洛克（Philip Tetlock）和丹·賈德納（Dan Gardner），《超級預測》（*Superforecasting*）

14. 理查·費曼（Richard Feynman）：《別鬧了，費曼先生！》（*Surely You're Joking, Mr. Feynman!: Adventures of a Curious Character*）

15. 理查·塞勒（Richard Thaler）和凱斯·桑斯坦（Cass Sunstein）：《推出你的影響力》（*Nudge*）

16. 史帝芬·品克（Steven Pinker）：《心智探奇》（*How the Mind Works*）

網站和數位媒體資料：

1. lesswrong.com
2. 80000hours.org
3. rationality.org
4. overcomingbias.com
5. marginalthinking.com
6. PaulGraham.com
7. samharris.org/podcast
8. rationallyspeakingpodcast.org
9. ted.com/read/ted-podcasts/worklife

前言：

1. 我們選擇「心理戰術」一詞是受阿爾佛烈特・科斯基（Alfred Korzybski）的影響，他在一般語義學領域成就非凡，他的名言是「地圖不等於實際的疆域」（the map is not the territory）。見 Korzybski，A.（1958）Science and Sanity: An Introduction to Non-Aristotelian Systems and General Semantics, p.58. Institute of GS.

2. 卓別林，取自 1936 年電影《摩登時代》，發行商：聯藝電影公司（United Artists）。原文網址：https://en.wikipedia.org/wiki/Modern_Times_(film)

3. Stiehm, Judith H (2010) US Army War College: Military Education in a Democracy, Temple University Press.

第 0 章：

1. Meng Zhu, Yang Yang, Hsee; Christopher K. (2018) ‘The Mere Urgency Effect’, Journal of Consumer Research, [Online] Volume 45 (3, October). P. 673-90. Available from: https://doi.org/10.1093/jcr/ucy008 [Accessed: 24 June 2019]

2. 1954 年，杜懷特・艾森豪在位於伊利諾州的西北大學，對世界教會理事會第二屆大會成員發表演說，便曾説出類似的格言。他在演説中表示，這句格言出自於某位前任大學校長之口。

3. 這種想法稱為「賺錢以給予」，也是名為「成功的利他」（Effective Altruism）慈善運動的重點之一。

4. 對於如何評估職業選擇的真正影響，https://80000hours.org 有很多討論。

第 1 章：

1. 這個觀點最早是由實驗心理學家 Peter Wason 在 1960 年提出的。Wason, P.C. (1960) 'On the failure to eliminate hypotheses in a conceptual task', Quarterly Journal of Experimental Psychology, 12(3), pp. 129-40.

2. Kahneman, D., Lovallo, D. and Sibony, O., 2011. Before you make that big decision. （〈在你做出重大決定之前〉）《哈佛商業評論》(*Harvard Business Review*), 89(6), pp. 50-60.

3. Watt, C.S. (2017) ' "There's no future for taxis": New York yellow cab drivers drowning in debt'. The Guardian. [Online] 20 October. Available from: www.theguardian.com/us-news/2017/oct/20/new-york-yellow-cab-taxi-medallion-value-cost. [Accessed 24 June 2019].

4. Byrne, J.A. (2018) '139 taxi medallions will be offered at bankruptcy auction'. New York Post. [Online] Available from: https://nypost.com/2018/06/09/139-taxi-medallions-will-be-offered-at-bankruptcy-auction.（擷取於 2019 年 5 月 18 日）

5. Centers for Disease Control and Prevention. (2017) 'Morbidity and Mortality Weekly Report: Measles Outbreak — Minnesota April–May 2017'. [Online] Available from: http://www/cdc.gov/mmwr/volumes/66/wr/mm6627a1.htm（擷取於 2018 年 10 月 24 日）

6. 我們也推薦大家讀《覺察力：哈佛商學院教你察覺別人遺漏的訊息，掌握行動先機！》(*The Power of Noticing: What the Best Leaders See*)（Simon & Schuster, 2014；中譯本由聯經出版公司出版）。

7. 展現滿滿的自信正好符合領袖的基本樣貌，誘使群眾在一群人當中選出自戀狂。但是，即使人們認為這些領袖更有效綠，實際上他們會降低團隊表現。參見 See Nevicka, B, Ten Velden, F.S., De Hoogh, AH and Van Vianen, AE (2011) 'Reality at odds with perceptions: Narcissistic leaders and group performance', Psychological Science, 22(10), pp.1259–64.

8. Kruger, J. and Dunning, D. (1999). 'Unskilled and Unaware of it: How Difficulties

in Recognizing One's Own Incompetence Lead to Inflated Self-Assessments', Journal of Personality and Social Psychology, 77(6), p.1121.

9. 這個詞變得流行，是因為時任美國國防部長唐納‧倫斯斐（Donald Rumsfeld）在新聞發佈會上談到缺乏證據顯示伊拉克持有大規模毀滅性武器。此詞最早見於兩名心理學家，喬瑟夫‧魯夫特（Joseph Luft）與哈里頓‧伊南姆（Harrington Ingham）的著作。

10. Hall, L. et al.., 2010. 'Magic at the marketplace: Choice blindness for the taste of jam and the smell of tea', Cognition, 117(1), pp.54-61.

11. Dennett, D.C. (2013) Intuition pumps and other tools for thinking. W.W. Norton & Company.

12. Tabarrock, A. (2012) 'A bet is a tax on bullshit'. Marginal Revolution. [Online] 2 November. Available from: https://marginalrevolution.com/marginalrevolution/2012/11/a-bet-is-a-tax-on-bullshit.html，（擷取於 2018 年 11 月 10 日）

13. Sagan, C. (1979). Broca's Brain, Reflections on the Romance of Science. New York: Random House.

14. O'Connor, A. (2017) 'Sugar Industry Long Downplayed Potential Harms'. The New York Times. [Online] 21 November. Available from: https://www.nytimes.com/2017/11/21/well/eat/sugar-industry-long-downplayed-potential-harms-of-sugar.html，擷取於 2018 年 4 月 3 日。

15. Kicinski, M., (2013). 'Publication bias in recent meta-analyses.' PloS one, 8(11), p.e81823.

16. Zenko, M. (2015) 'Inside the CIA Red Cell: How an experimental unit transformed the intelligence community'. Foreign Policy. [Online] http://foreignpolicy.com/2015/10/30/inside-the-cia-red-cell-micah-zenko-red-team-intelligence/ 擷取於 2018 年 11 月 18 日

第 2 章：

1. 雙處理系統理論始於威廉‧詹姆士（William James）的著作，並由此分支出來。James, W. (1890) The Principles of Psychology. New York: Henry Holt & Co. Vol.1，p.673.

2. 更多關於系統一和系統二處理過程的資訊，我們推薦諾貝爾獎得主丹尼爾‧康納曼的大作《快思慢想》（*Thinking, Fast and Slow*）：Kahneman, D. and Egan, P (2011) New York: Farrar, Straus and Giroux.

3. 欲參考定期更新、且相當完備的偏見列表，我們推薦維基百科的「認知偏見列表」，https://en.wikipedia.org/wiki/List_of_cognitive_biases。bji4vm 若需更視覺化的觀點，請參考下方網站 Buster Benson' s 'Cognitive Biases Cheat Sheet' . https://betterhumans.coach.me/cognitive-bias-cheat-sheet-55a472476b18

4. Tversky, A., and Kahneman, D. (1983). "Extensional Versus Intuitive reasoning: The Conjunction Fallacy in Probability Judgment," Psychology Review 90, 4. doi: 10.1037/0033- 295X.90.4.293.

5. Carlon Rush, B. (2014) 'Science of storytelling: why and how to use it in your marketing' . The Guardian. [Online] 28 August. Available from: https://www.theguardian.com/media-network/media-network-blog/2014/aug/28/science-storytelling-digital-marketing，擷取於 2018 年 12 月 2 日。

6. Baron, J. and Hershey, J. C. (1988) 'Outcome Bias in Decision Evaluation' . Journal of Personality and Social Psychology Vol. 54, No. 4, pp.569-579. https://commonweb.unifr.ch/artsdean/pub/gestens/f/as/files/4660/21931_171009.pdf，取自 2019 年 6 月 25 日。

7. 這個測驗可於 https://implicit.harvard.edu/implicit/ 網站上進行，擷取於 2018 年 12 月 1 日。

8. 如果有興趣更進一步瞭解內隱聯結測驗的科學理論，我們推薦《好人怎麼會幹壞事？我們不願面對的隱性偏見》（*Blindspot: Hidden Biases of Good People*），*Mahzarin R. Banaji and Anthony G Greenwald, Delacorte Press (2013)*。

9. Morourke (2018) 'Worker Centers & OUR Walmart: Case studies on the changing face of labor in the United States' . The Case Studies Blog, Harvard Law School. https://blogs.harvard.edu/hlscasestudies/2014/12/02/hbs-shares-how-to-make-class-discussions-fair/ 擷取於 2018 年 12 月 1 日。

第 3 章：

1. Rich, N. (2013) 'Silicon Valley' s Start-Up Machine' . The New York Times

Magazine. [Online] 2 May. Available from: https://www.nytimes.com/2013/05/05/magazine/y-combinator-silicon-valleys-start-up-machine.html，擷取於 2018 年 11 月 11 日。

2. Rich, N. (2013) 'Silicon Valley's Start-Up Machine'. The New York Times Magazine. [Online] 2 May. Available from: https://www.nytimes.com/2013/05/05/magazine/y-combinator-silicon-valleys-start-up-machine.html，擷取於 2018 年 11 月 18 日。

3. 這幾位作者在《哈佛商業評論》（*Harvard Business Review*）中對他們的研究有精闢的描述。該文章可見：https：//hbr.org/2018/07/research-the-average-age-of-a-successful-startup-founder-is-45，擷取於 2018 年 11 月 18 日。

4. 關於結構思維，眾所周知最佳的指南是芭芭拉・明托（BarbaraMinto）的《金字塔原理》（*The Pyramid Principle*），這本書不僅是用量化的方式來解決問題，而且在整體上，該書的思考方式更有條理。該書最早出版於 1978 年，如同澳洲人所說的「老東西，但是是好東西」，是一本經典之作。

5. 資料遺漏的問題引起了研究員、資料分析師和系統工程師的濃厚興趣，這對我們所有人都影響重大。若要深入了解資料遺漏的問題，請參見 Trivellore Raghunathan 的 Missing Data Analysis in Practice (2015) Chapman and Hall/CRC。

6. 更多有關分布情形，我們推薦 Tegmark, M., (2014) Our Mathematical Universe: My Quest for the Ultimate Nature of Reality. Vintage.

7. Crockett, Z. (2015) 'The most prolific editor on Wikipedia'. Priceonomics. [Online] 14 October. Available from: https://priceonomics.com/the-most-prolific-editor-on-wikipedia/，擷取於 2019 年 2 月 20 日。

第 5 章：

1. 我們在這一章中描述技巧和運氣之間的權衡方式，是受到麥可・莫布新（Michael J. Mauboussin）的《成功與運氣》（*The Success Equation*）一書的啟發，這本書有關於這一主題更全面的討論。見 Mauboussin, M.J. (2012) The Success Equation: Untangling Skill and Luck in Business, Sports, and Investing. Harvard Business Press.

2. 圖表中的每個圓圈代表兩位父母及其子女的平均身高，結果按一英寸的間隔進行

分組，所以導致了重疊。

3. Galton, F. (1886) 'Regression towards mediocrity in hereditary stature', The Journal of the Anthropological Institute of Great Britain and Ireland, 15, pp.246–63.

4. 吉姆・柯林斯（Jim Collins）的《從 A 到 A+》（*Good to Great*）。Collins, J.C. (2001) Good to Great: Why Some Companies Make the Leap … and Others Don't. New York, NY: Harper Business.

5. 譯注：上市公司在一定時期內，通常為一年或更長的資本收益加股息。

6. Henderson, A.D., Raynor, M.E. and Ahmed, M., 2012. 'How long must a firm be great to rule out chance? Benchmarking sustained superior performance without being fooled by randomness', Strategic Management Journal, 33(4), pp.387-406.

7. 麥可・莫布新，《成功與運氣：解構商業、運動與投資，預測成功的決策智慧》（*The Success Equation Untangling Skill and Luck in Business, Sports, and Investing*）Boston, MA: Harvard Business Review Press, 2012.

第 6 章：

1. 《系統思考》（*Thinking in Systems: A Primer*）。Meadows, D.H. (2008) Thinking in Systems: A Primer. Chelsea Green Publishing, p. 2..

2. Kim，D.H.，1994 年 的 修 改 範 例。Systems Archetypes II: using systems archetypes to take effective action (Vol. 2). Pegasus Communications.

3. 案例靈感取自 Moizer, J.D., 1999. System Dynamics Modelling of Occupational Safety: A Case Study Approach.

4. 譯注：當一種產品對用戶的價值隨著採用的產品，或可兼容的產品的用戶增加，而加大時，就出現了網路效應。

5. 此處「系統」的定義參照韋伯字典（Merriam-Webster），Springfield, MA, USA. 擷取於 2018 年 4 月 15 日。

第 7 章：

1. Betsey Stevenson, Justin Wolfers: Economic Growth and Subjective Well-Being:

Reassessing the Easterlin Paradox, NBER Working Paper No. 14282, 2008.

第 8 章：

1. 有關更多其他方式的參考資料，我們建議閱讀史蒂文·約翰遜（Steven Johnson）的《遠見：我們如何做出最重要的決定》（*Farsighted: How We Make the Decisions That Matter the Most*，暫譯）（2018），Riverhead Books.

2. 更多有關此主題的參考資料，我們推薦保羅・努特（Paul Nutt）教授的精彩著作《我是英明決策者》（*Why Decisions Fail: Avoiding the Blunders and Traps that Lead to Debacles*，暫譯），Nutt, P., 2002.，Berrett-Koehler Publishers.

3. 更多支持這種說法的詳細資料，請參見 Hubbard, D.W. (2010)《如何衡量萬事萬物》（*How to Measure Anything: Finding the Value of Intangibles in Business*，暫譯）John Wiley & Sons.

4. 本表格和和所有相關計算公式可以從 DecisionMakersPlaybook.com 下載。

第 9 章：

1. Thomke, S. and Manzi, J. (2014)'The discipline of business experimentation'. Harvard Business Review. 92(12), p.17.

2. 褪黑激素實驗可參考 Branwen, G. (2008)'Melatonin improves sleep, & sleep is valuable'. Melatonin. [Online] 19 December. Available from: https://www.gwern.net/Melatonin.，擷取於 2018 年 11 月 7 日。

3. 樣本量為 1 的實驗。

4. Augemberg, K. (2012)'Quantified Self How-To: Designing Self-Experiments'. h+ Magazine. [Online]

第 10 章：

1. Damodaran, A. (2007) Strategic Risk Taking: A Framework for Risk Management. Pearson Prentice Hall, p. 262.

2. 我們假設只有外在影響（例如，家庭事件或其他城市的工作機會）會決定她住在當地的時間長短。我們更進一步將決定樹狀圖簡化，只給予安妮兩個選項：全程住滿，或是 12 個月後離開。

3. 譯注：美國文學中有個至高的追求就是「偉大的美國小說」（Great American Novel），以高度的文學品質敘說一個故事，足以反映美國獨特的人文歷史。

4. 放棄的選擇權和「合約的選擇權」息息相關，合約的選擇權類似轉換的選擇權，基本上是在某些條件不利的情況下，能夠撤銷計畫的權利（和轉換的選擇權不同的是，合約的選擇權不包括恢復的權利）。

第 11 章：

1. 大多數的政治學家與經濟學家認為，代理問題是道德風險的轉化，我們並不反對這種說法。但是在實務上，代理問題經常發生，且具有潛在危害性，我們認為代理問題應該有自己的類別。

2. 2007 年的次貸危機是近代有關誘因不一致的最佳範本之一，進一步的資料，見 Bethany McLean and Joe Nocera's All The Devils Are Here (2010)，和麥克·路易士（Michael Lewis）的《大賣空》（*The Big Short*）。

3. 的確，這個特定的兩難局面促成了獨立金融顧問這一整個專業類別，他們只會從目前的客戶獲取報酬或獎勵，此舉是為了抵銷代理的兩難。

4. 對於利用對損失的反感來提升業績，可以用美好且極度正面的觀點來看待，請參閱羅莎姆·史東·山德爾（Rosamund Stone Zander）和班傑明·山德爾（Benjamin Zander）合著的《自我轉變之書》（*The Art of Possibility: Transforming Professinal and Personal Life*）。

5. Strathern, M. (1997) 'Improving ratings: audit in the British University system'. European Review 5. pp.305–21.

6. Bareket-Bojmel, L., Hochman, G. and Ariely, D. (2017) 'It's (not) all about the Jacksons: testing different types of short-term bonuses in the field'. Journal of Management. 43(2), pp.534–54.

7. 更多此類的觀念，我們推薦丹·艾瑞里（Dan Ariely）的一本可愛小書：《動機背後的隱藏邏輯》（*Payoff: The Hidden Logic That Shapes Our Motivations*，TED Books 系列）。

8. See Chip Health's article: Health, C. (1999) 'On the Social Psychology of Agency Relationships: Lay Theories of Motivation Overemphasize Extrinsic Incentives'. Organizational Behavior and Human Decision Processes. Vol. 78, No. 1, pp. 25–62.

9. Deci, E.L., Koestner, R. and Ryan, R.M. (1999) 'A meta-analytic review of experiments examining the effects of extrinsic rewards on intrinsic motivation'. Psychological Bulletin. 125(6), p.627.

第 12 章：

1. Kahneman, D. and Tversky, A. (1979) 'Intuitive Prediction: Biases and Corrective Procedures'. TIMS Studies in Management Science. 12: 313–27.

2. Blenko, M., Mankins, M. and Rogers, P. (2010) 'The Decision-Driven Organization". Harvard Business Review. [Online] June. Available from: https://hbr.org/2010/06/the-decision-driven-organization.

3. Prasad, V., 2010. 'Reclaiming the morbidity and mortality conference: between Codman and Kundera.' Medical humanities, 36(2), pp.108-111.

4. Di Stefano, G., Gino, F., Pisano, G.P. and Staats, B.R., 2016. Making experience count: The role of reflection in individual learning. Harvard Business School.

第 13 章：

1. 創新育成中心 Y Combinator. Available from: https://old.ycombinator.com/munger.html，擷取於 2018 年 11 月 21 日

2. 有關約會和人際關係在上世紀發生的轉變，如果想了解更多相關資料，我們建議參考阿齊茲・安薩里（Aziz Ansari）和艾瑞克・克林伯格（Eric Klinenberg）所寫的《現代浪漫》（*Modern Romance*，暫譯）。

3. 譯注：例如一旦成為某手機系統的使用者，很難再換到別的手機系統。

4. 優秀歷史學家哈拉瑞（Harari）經常說的一句話： Harari, Y.N., 2018. 《21 世紀的 21 堂課》（*21 Lessons for the 21st Century*）。

5. 譯注：「疆域」指事物本身，而「地圖」指的是人對事物的感知。

6. 此句話出處為語意學家阿爾佛烈特・科斯基（Alfred Korzybski），《科學與健康》（*Science and Sanity: An Introduction to Non-Aristotelian Systems and General Semantics*，暫譯）. Institute of GS. p.58.

7. 譯注：可用來計算岸邊與船隻之間的距離及座標。

8. 譯注：問責合作夥伴是指在幫助他人履行承諾方面，對他人進行指導的人。

附錄：

1. Critch, A. (2012) 'The Credence Calibration Game, by CFAR – an overview'. Available from: http://acritch.com/credence-game/. [Accessed: 9 December 2018].

2. 對於預測方面，我們強烈推薦菲利普·泰特洛克（Philip Tetlock）和丹·賈德納（Dan Gardner）在 2015 年出版的《超級預測》（*Superforecasting*）一書。它綜合來自「優良判斷力計畫」（Good Judgment Project）實驗中的發現，顯示特別挑選過的業餘預測者通常比名嘴或主題專家更能準確做出預測。

BCG 頂尖顧問的高效決策力
12 種直入問題核心、擊破難題，做好決策的關鍵策略

The Decision Maker's Playbook: 12 Mental Tactics for Thinking More Clearly,
Navigating Uncertainty, and Making Smarter Choices

作者	賽門‧穆勒、茱莉亞‧達爾
譯者	黃庭敏
商周集團榮譽發行人	金惟純
商周集團執行長	郭奕伶
視覺顧問	陳栩椿
商業周刊出版部	
總編輯	余幸娟
責任編輯	涂逸凡
封面設計	Javick 工作室
內頁排版	点泛視覺設計工作室
出版發行	城邦文化事業股份有限公司 商業周刊
地址	104 台北市中山區民生東路二段 141 號 4 樓
傳真服務	(02) 2503-6989
劃撥帳號	50003033
戶名	英屬蓋曼群島商家庭傳媒股份有限公司城邦分公司
網站	www.businessweekly.com.tw
香港發行所	城邦 (香港) 出版集團有限公司
	香港灣仔駱克道 193 號東超商業中心 1 樓
	電話：(852)25086231
	傳真：(852)25789337
	E-mail：hkcite@biznetvigator.com
製版印刷	中原造像股份有限公司
總經銷	聯合發行股分有限公司　電話：02-2917-8022
初版 1 刷	2021 年 01 月
定價	380 元
ISBN	978-986-5519-20-9(平裝)

國家圖書館出版品預行編目 (CIP) 資料

BCG 頂尖顧問的高效決策力 :12 種直入問題核心、擊破難題，做好決策的關鍵策略 / 賽門 . 穆勒 , 茱莉亞 . 達爾著；黃庭敏譯 . -- 初版 . -- 臺北市：城邦商業周刊 , 2021.01
　　面 ;　公分
譯 自：The decision maker's playbook : 12 mental tactics for thinking more clearly, navigating uncertainty and making smarter choices
ISBN 978-986-5519-20-9(平裝)
1. 決策管理
494.1　　　　　　　　　　　　　　　　　109013303

藍學堂

學習・奇趣・輕鬆讀